KB122946

재밌어서 밤새 읽는

식물학 이야기

재밌어서 밤새 읽는

식물학 이야기

이나가키 히데히로 지음 | 박현아 옮김 | 류충민 감수

더숲

머리말

"하늘에는 별이, 땅에는 꽃이 있어야 한다. 그리고 인간에게는 사랑이 있어야 한다."

18세기 독일의 시인, 괴테의 말이다. 작가이면서 위대한 자연과학자이기도 했던 괴테는 또한 이렇게 이야기한 바 있다.

"꽃은 잎이 변형된 것이다."

이는 1790년에 괴테가 발간한 소책자인 《식물변태론Die Metamorphose der Pflanzen》에 기록되어 있다. 그런데 이것은 사실일까? 꽃잎은 잎사귀와 매우 비슷하게 보인다. 잎사귀에는 물과 영양분을 운반하는 잎맥이라는 줄기가 있다. 잘 보면 꽃잎에도 잎맥 같은 것이 보이는데, 이를 '화맥花脈'이라고 한다. 확실히 꽃잎은 잎사귀가 변형된 것처럼 보인다.

꽃 안에는 수술과 암술이라는 기관이 있다. 그렇다면 수술과 암술도 잎사귀가 변형된 것일까? 꽃 중에는 꽃잎이 몇 겹으로 겹쳐서 피는 '천엽千葉'이라는 종류가 있다. 이는 수술과 암술이 꽃잎으로 변화한 종이다. 잎사귀가 변형된 것이 꽃잎이라고 한다면, 수술과 암술도 잎사귀가 변형된 것이라고 할 수 있다.

《식물변태론》에서의 괴테 주장은 분자 생물학이 증명했다. 'ABC 모델'이 그것이다. 식물의 유전적 연구에 주로 사용되는 모델 식물인 '애기장대'의 유전자에 이상이 발생하여 꽃의 각 기관이 모두 수술이 되는 현상이 나타났다. 이 변이체는 수술만으로 구성되어 있어서 '슈퍼맨'이라고 불렸다.

연구를 진행하면서 꽃의 기관 형성은 A, B, C라는 3가지 종류의 유전자 조합으로 발생한다는 사실이 드러났다. A만 발현하면 꽃받침이 만들어진다. A와 B가 발현하면 꽃잎이 만들어진다. C만 발현하면 암술이 만들어지며, B와 C가 발현하면 수술이 만들어진다. 그리고 A, B, C 모두가 발현하지 않으면 잎사귀가 된다.

이렇게 잎사귀로 꽃이 만들어지는 시스템이 밝혀졌다. '어떻게 잎사귀가 꽃이 되는 걸까?'라는 물음에는 'How(어떤 식으로)?'뿐만 아니라 'Why(어째서)?'라는 의미도 포함되어 있다. 왜 식물은 잎사귀로 꽃을 만들어 낸 걸까? 어째서 식물의 꽃은 아름다운 걸까? 또한 왜 민들레는 노랗고, 제비꽃은 보랏빛인 걸까? 곰곰이 생각해 보면 식물의 세계는 의문투성이다.

식물은 당연한 듯이 우리 주변에 있지만, 절대로 이유 없이 존재하지 않는다. 식물의 세계는 수수께끼로 가득 차 있다. 이 책에서는 그러한 식물의 수수께끼를 풀어 보고자 한다. '식물학'이라고 하면 무미건조하고, 재미없고, 어렵다는 생각부터 떠올릴지 모르겠다. 하지만 이 책을 통해 식물학의 매력을 알기 바란다.

자, 이제 식물학의 문을 열고 불가사의로 가득 찬 식물의 세계를 들여다보자. 재밌어서 밤새 읽는 식물학 세계로 떠나 보자.

차례

Part II 재밌어서 밤새 읽는 식물학

Part III 단숨에 읽는 식물 이야기

Part I

식물의 대단한 이야기

나무는 얼마나 크게 자랄 수 있을까

어마어마하게 큰 나무의 전설

일본에서 가장 오래된 역사서인 《고사기古事記》에 거목의 전설이 남아 있다. 오사카의 남쪽에는 그림자가 바다 건너편의 아와지섬을 덮어 가릴 정도로 어마어마하게 큰 나무가 있었다고 한다. 대체 얼마나 큰 나무였던 걸까?

《고사기》에서 이야기하는 거목이 아니더라도 일본의 신사를 둘러싸고 있는 숲에는 아무리 올려다보아도 끝이 보이지 않을 만큼 커다란 나무가 솟아 있다. 식물인 나무는 어느 정도 높이까지 자랄 수 있을까?

식물은 땅속에 뻗어 있는 뿌리로 물을 빨아들여야만 살 수 있다. 우리가 올려다볼 정도로 커다란 나무는 어떻게 나무 꼭대기까지 그 수분을 전달하는 것일까? 바로 이 질문에서 식물이 어느 정도 높이까지 클 수 있는지에 대한 답을 찾을 수 있다.

물기둥이 있는 식물의 몸

인간과 동물은 심장이라는 펌프가 있어 혈액을 머리 꼭대기까지 전달할 수 있다. 동물 중에서 가장 키가 큰 기린은 인간의 2배에 가까운 높은 혈압으로 혈액을 운반한다. 다만 그렇게 강력한 혈압으로 끌어올려도 기린의 키는 고작 3미터다. 과연 심장이라는 펌프로 50미터 높이까지 물을 끌어올릴 수 있을까? 쉽지 않아 보인다.

그렇다면 어떤 방법이 있을까? 먼저 대기의 압력으로 물을 끌어올리는 방법이 있다. 우리 몸 주변의 공기에는 무게가 있다. 알기 쉽게 설명을 하면 이렇다. 손바닥을 위로 펴면 그 위에 공기가 실린다. 이는 먼 상공의 대기권 밖까지 쌓여 있는 공기라고 할 수 있다. 공기의 무게는 1제곱센티미터당 약 1킬로그램이다. 따라서 펼친 손바닥 위에는 수십 킬로그램의 공기가 실려 있는 셈이다. 그래도 공기가 무겁지 않은 이유는 우리가 공기 중에서 살기 때문이다. 손바닥 밑에도, 몸속에도 공기가 가득하여 눌리지 않는 것이다.

관 속의 공기를 빼 진공 상태로 만들면 바깥 공기의 압력으로 관 속의 물을 밀어 올릴 수 있다. 컵에 꽂힌 빨대의 끝부분을 손가락으로 막으면 물을 수면에서 높이 끌어올릴 수 있는 것과 같은 이치다.

만약 굉장히 긴 빨대가 있다면 어느 정도의 높이까지 물을 끌어올릴 수 있을까? 실제 이 방법으로는 10미터가 한계라고 한다. 공기의 무게는 1제곱센티미터당 약 1킬로그램이다. 물은 1제곱센티미터에 1그램이니, 물기둥이 10미터가 되면 대기의 무게와 같다.

그렇지만 세계에는 10미터가 훌쩍 넘는 거목들이 많다. 나무는 대체 어떻게 물을 높은 곳까지 끌어올리는 걸까? 그 비밀은 '증산蒸散'이다. 식물의 잎 뒷면에는 공기를 들이마시고 내뱉는 기공이 있다. 이 기공으로 식물 몸속의 수분이 수증기가 되어 바깥으로 빠져나간다. 바로, 증산작용이다.

식물의 몸속에는 잎 뒷면의 기공에서 뿌리까지 물의 흐름이 이어져 있다. 식물의 몸은 마치 하나의 물기둥이라고 할 수 있다. 따라서 수분이 사라지면 증산으로 그만큼의 물을 끌어올릴 수 있다. 빨대를 빨면 물이 올라오는 것과 같은 원리다.

◆ 식물 몸속의 물 흐름

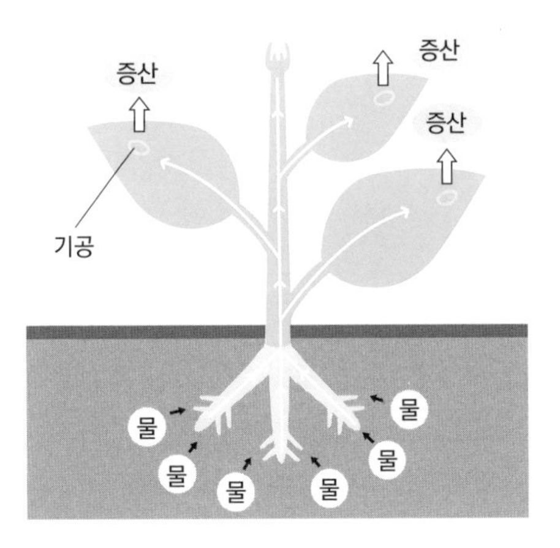

증산의 힘으로 물이 끌어올려진다.

이 증산의 힘으로 끌어올릴 수 있는 물의 높이는 130~150미터로 계산된다. 만약 굉장히 긴 빨대가 있다고 해도 100미터 이상의 높이에서 빨대를 빨아 물을 마시기란 불가능에 가까울 것이다. 그러나 증산은 그 정도로 강력한 힘을 내뿜는다.

미국 캘리포니아주의 세쿼이어는 높이 115미터로, 현존하는 세계에서 가장 키 큰 나무다. 이는 25층 빌딩의 높이와도 같다. 나무가 자랄 수 있는 최대 높이는 이론상 140미터가 한계다. 안타깝지만, 아와지섬을 뒤덮을 만한 전설의 거목은 존재하지 않았을 것이다.

식물의
다빈치 코드

자연의 신비한 수학 규칙

영화 〈다빈치 코드〉는 살인 사건을 계기로 레오나르도 다빈치가 남긴 명화의 암호를 풀어 그리스도와 관련된 금단의 수수께끼에 다가간다는 이야기다.

영화에서 지하 금고를 여는 암호로 '1123581321'이라는 숫자가 등장한다. 이 숫자는 규칙에 따라 만들어졌다. 그것을 이해하면 암호를 잊어버리지도 않고, 언제든 이 지하 금고의 비밀번호를 떠올릴 수 있다. '1123581321'이라는 비밀번호의 의미는 무엇일까?

비밀번호라고 하면 생년월일이나 전화번호 등을 이용하는 사람이 많을지도 모르겠지만, 이 숫자는 그렇지 않다. 사실, 이 번호는 '1, 1, 2, 3, 5, 8, 13, 21'이라는 8가지 숫자의 수열이다. 이 수열은 '1, 1, 2, 3, 5, 8, 13, 21, 34, 55…'로 끊임없이 이어진다. 언뜻 보면 불규칙하게 죽 늘어놓은 듯 보이는 이 숫자들은 어떤 규칙성으로 나열되는 걸까?

불가사의한 자연 속 수열

'1, 1, 2, 3, 5, 8, 13, 21'이라는 수열에는 앞에 있는 숫자 2개의 합이 바로 뒤의 숫자가 되는 규칙성이 있다. 1+1=2, 1+2=3, 2+3=5, 3+5=8, 5+8=13… 이런 식으로 다음 숫자가 만들어진다.

이것을 피보나치수열Fibonacci Sequence이라고 한다. 아무렇게나 나열된 수열처럼 보일 수 있지만, 사실 자연계에는 이 수열을 따르고 있는 것들이 많다.

암수 한 쌍의 새끼 토끼가 한 달 동안 어른 토끼가 되고 두 달째부터 한 쌍의 새끼를 낳아 수를 늘려 간다고 생각해 보자. 한 달째에는 암수 한 쌍이었던 토끼가 두 달째에는 두 쌍이 된다. 석 달째에는 처음에 존재했던 한 쌍이 다시 한 쌍의 토끼를 낳으므로 세 쌍이 된다. 이것을 반복해 가면 넉 달째에는 다섯 쌍, 다섯 달째에는 여덟 쌍이 된다. 생물의 번식 방식은 피보나치수열을 따르고 있다.

피보나치수열을 따르는 식물

이 피보나치수열의 숫자를 바로 앞의 숫자로 나눠 보자. 예를 들면 3을 2로 나누면 1.5, 5를 3으로 나누면 1.67, 8을 5로 나누면 1.6이 된다. 이렇게 숫자를 쫓아 나눠 보면 황금 비율인 1.618에 가까워진다. 이는 사람들이 제일 아름답다고 여기는 숫자 비율이다.

신기하게도 식물도 피보나치수열을 따른다. 식물의 줄기에 달린 잎은 아무렇게나 달려 있지 않다. 식물은 모든 잎이 빛을 쏘일 수 있도록 조금씩 위치가 엇갈리게 나 있다. 잎이 줄기에 돋은 배열 방식을 '잎차례'라고 부른다. 어느 정도의 각도로 어긋나는가는 식물의 종류에 따라 다르다.

피보나치수열을 가장 잘 관찰할 수 있는 것은 식물의 잎차례다. 예를 들면, 식물의 잎 가운데 360도의 2분의 1인 180도씩 어긋나 있거나, 3분의 1인 120도씩 어긋나 있는 잎이 있다. 이때 잎

◆ 토끼가 번식하는 방식은 피보나치수열을 따른다

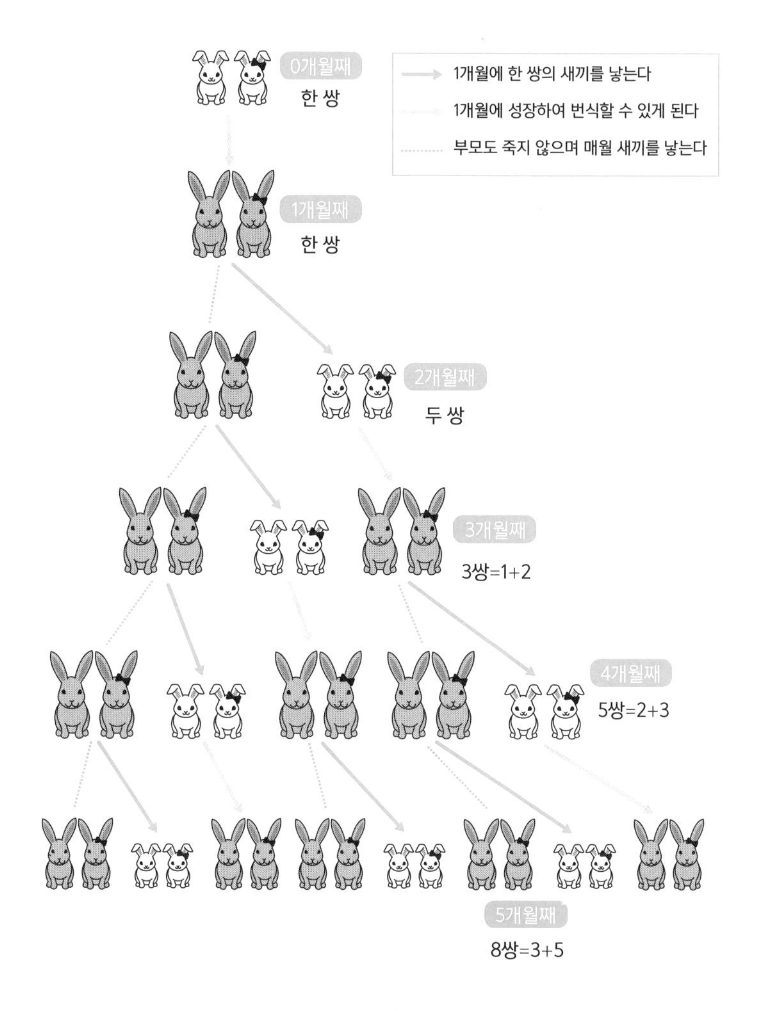

피보나치 수
1, 1, 2, 3, 5, 8, 13, 21, 34, 55, 89, 144, 233, 377….

◆ 식물 잎사귀의 배열도 피보나치수열을 따른다

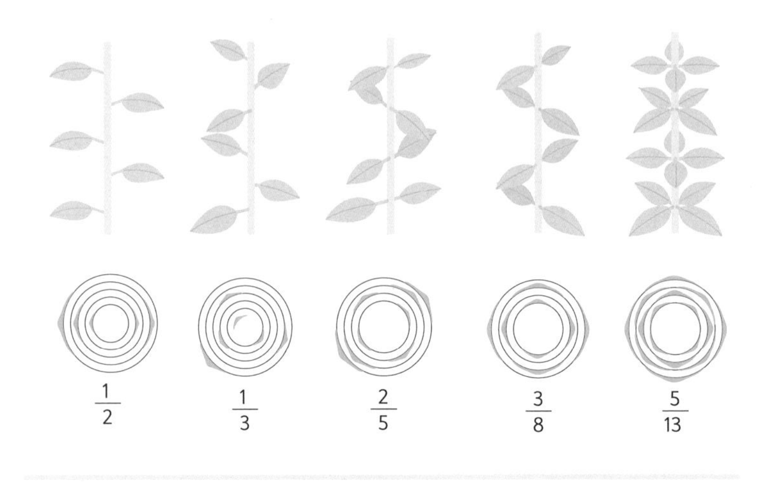

사귀를 아래에서부터 3장씩 세어 보면 한 바퀴를 돌아 원래 위치로 돌아온다. 5분의 2인 144도씩 어긋나 있는 잎도 있다. 이때 잎사귀를 아래에서부터 5장씩 세었을 때 두 바퀴를 돌아 원래 위치로 돌아온다. 이렇게 몇 장으로 몇 바퀴를 돌아 원래 위치로 돌아오는지를 알아보면 잎사귀의 각도를 알 수 있다. 이 밖에도 8분의 3인 135도로 어긋나 있는 잎도 있다.

$$\frac{1}{2}, \frac{1}{3}, \frac{2}{5}, \frac{3}{8}, \frac{5}{13}, \cdots.$$

이 분수의 분모와 분자는 각각 피보나치수열로 나열되어 있다. 전체 식물의 90퍼센트가 피보나치수열을 따르고 있는데, 이러한 식물의 잎차례를 '심퍼 브라운의 법칙Schimper-Braun's law'이라고 한다.

매우 정교한 잎의 배열 방식

식물은 가지 끝 정점에서 형성되는 '원시 세포'라 불리는 작은 덩어리들을 가지고 있다. 이 덩어리들이 잎이나 꽃잎으로 발전하는 과정에서 만들어지는 생식 나선generative spiral의 발산각divergence angle에서도 피보나치수열을 확인할 수 있다. 원시 세포들은 생식 나선을 따라 같은 각도로 배열되어 있는데 이 각도는 거의 137.5도에 가깝다. 또한 360도에 피보나치의 수 34와 55를 적용해서 얻어지는 각도가 222.5도(360×34/55=222.5)와 137.5도(360-222.5=137.5)가 된다는 사실에 주목할 필요가 있다. 다시 말해, 연속된 원시 세포 사이의 각도인 137.5도가 황금 각이 된다. 이는 피보나치수열로 이끄는 가장 균형 잡힌 각도다. 식물의 잎사귀에서 이러한 수열에 따른 규칙성을 확인할 수 있는 이유는 모든 잎사귀가 겹치지 않고 골고루 빛을 쐬어 줄기가 탄탄하게 자랄 수 있도록 균형을 잡기 위해서다.

물론 모든 식물의 잎사귀가 황금 비율의 배열 방식을 취하고 있는 것은 아니다. 137.5도에 가까운 5분의 2(144도)나 8분의 3(135도)을 따르는 식물들도 많다. 식물이 황금 비율이나 복잡한 수열을 따르는 것은 매우 신기한 일이다.

꽃점에서 원하는 답을 얻는 방법

코스모스 꽃점의 비밀

꽃점은 꽃잎을 한 장씩 떼면서 '좋아한다' '싫어한다' '좋아한다' '싫어한다'를 번갈아 묻고, 마지막 남은 한 장으로 짝사랑하는 사람이 나를 좋아하는지 점치는 일종의 놀이다.

이 꽃점은 코스모스로 하면 쉽다. 코스모스는 꽃잎이 짝수인 8장이기 때문에 꽃점을 볼 때 '좋아한다'부터 시작하면 몇 번을 해도 마지막 꽃잎이 '싫어한다'로 끝난다. 그러나 '싫어한다'부터 시작하면 상황은 다르다. 그렇다면, 만약 꽃잎이 조금 많은 꽃으로 점쳐 보는 것은 어떨까? 꽃잎이 13장으로 홀수인 금잔화라면 '좋아한다'로 시작해서 '좋아한다'로 끝낼 수 있다.

◆ 꽃잎의 수에도 규칙성이 있다

꽃점을 '좋아한다'로 끝내는 방법

꽃점을 보는 아이들은 바람을 담아 꽃잎을 한 장씩 뜯는다. 그렇지만 사실, 꽃의 종류에 따라 꽃잎의 수가 처음부터 확정되어 있어서 결론은 정해져 있다.

마거리트의 꽃잎도 홀수인 21장이니, 금잔화와 결과가 같다. 데이지는 마거리트와 비슷하게 보이지만 꽃잎이 짝수인 34장이다. 거베라는 꽃잎이 홀수인 55장이다(단, 꽃잎이 많은 꽃은 영양 조건 등으로 꽃잎의 수에 변수가 발생할 수도 있다).

꽃잎도 따르는 피보나치수열

다른 꽃의 꽃잎 수도 살펴보자. 벚꽃의 꽃잎은 5장이다. 백합은 6장처럼 보이지만, 실제로는 3장이다. 백합은 안쪽에 3장의 꽃잎이 있으며, 바깥쪽의 3장은 꽃받침이 변형된 것이다. 꽃잎의 수는 백합 3장, 벚꽃 5장, 코스모스 8장, 금잔화 13장, 마거리트 21장, 데이지 34장, 거베라가 55장이다.

3, 5, 8, 13, 21, 34, 55……

앗, 이것은! 어디선가 본 것 같은 규칙성? 식물의 꽃잎도 앞서 이야기한 피보나치수열을 따르고 있다!

식물의 꽃은 원래 잎사귀에서 분화했다. 잎사귀를 효율성 좋게 나열하기 위해 피보나치수열이 작용한 것처럼 꽃잎을 균형 있게 배치하는 데에도 피보나치수열이 적용된다. 자연의 창조자는 위대한 수학자인 걸까? 식물이 이 아름다운 수열을 따르는 것은 정말이지 신기한 일이다.

◆ 벚꽃의 꽃잎은 5장

모든 꽃에 숨겨진 아름다운 수열

물론, 찾아보면 예외도 있다. 노란 유채는 꽃잎이 4장이다. 잘 찾아보면 꽃잎이 7장이나 11장, 18장인 것도 있다. 이러한 식물은 피보나치수열의 예외일까? 그러나 곰곰이 생각해 보면 4, 7, 11, 18…이라는 나열 방식에서는 피보나치수열과 마찬가지로 앞의 숫자를 더한 숫자가 나열되는 것을 알 수 있다.

피보나치수열에서는 첫 번째 숫자가 1, 그다음의 숫자도 1이라 1, 1, 2, 3, 5…로 나열된다. 그런데 첫 번째 숫자를 2, 그다음 숫자를 1로 고치면 2, 1, 3, 4, 7, 11, 18…이라는 숫자가 나열되는 데, 이는 피보나치수열과 유사한 루카스수열Lucas Sequence(피보나치 수열에서 좌우 두 수를 합하여 진행하는 수열을 말한다-옮긴이)이다. 모든 식물의 꽃은 아름다운 수열을 따른다.

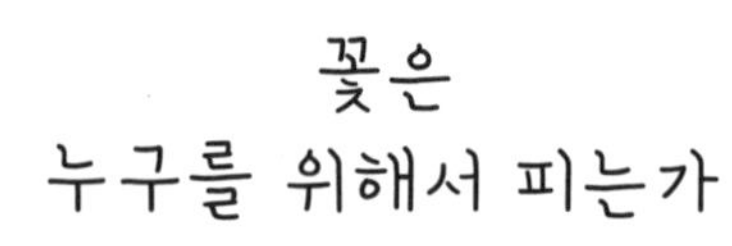

꽃은 누구를 위해서 피는가

꽃을 향한 인간의 짝사랑

사람은 꽃을 사랑한다. 좋아하는 이성에게 꽃을 선물하고, 꽃밭에서 정성껏 꽃을 가꾸며, 추모를 할 때도 묘지에 꽃을 바친다. 그렇지만 식물은 사람을 위해 꽃을 피우지 않는다. 농업과 원예용으로 개량된 종은 사람이 좋아하는 색이나 형태로 꽃이 피지만, 야생 꽃은 사람을 위해 만개하지 않는다. 사람은 꽃을 좋아하지만, 이것은 완벽한 짝사랑!

그렇다면 식물은 과연 누구를 위해 꽃을 피우는 걸까? 꽃은 곤충을 불러들여 수술머리에 있는 꽃가루인 화분花粉을 운반하게 한다. 이때 일어나는 꽃의 수정 현상을 수분受粉이라고 한다. 곤충이 꽃가루를 옮겨서 수분을 하게 만들어 씨앗을 남기는 것이다. 아름다운 꽃잎과 달콤한 향기도 모두 곤충들을 유인하기 위해서다. 따라서 꽃의 색이나 형태에도 모두 합리적인 이유가 있다. 꽃은 이유 없이 피지 않는다.

초봄에 꽃밭이 생기는 새삼스러운 이유

예를 들어 보자. 초봄에는 유채나 민들레 등 노란색의 꽃이 눈에 잘 띈다. 노란색은 등에(언뜻 보면 벌처럼 생겼다. 파리 · 모기 등이 속한 곤충의 한 분류를 일컫는 파리목 등에과의 곤충-옮긴이)가 좋아하는 색깔이다. 등에는 기온이 낮은 초봄에 활동을 시작하는 곤충이다. 초봄의 꽃은 등에를 불러들이기 위해 노란색을 띠는 경우가 많다.

그런데 등에는 문제가 있다. 꿀벌과 같은 영리한 곤충은 한 종류의 꽃 주위를 날아다닌다. 하지만 등에는 그다지 머리가 좋은 곤충이 아니어서, 꽃을 식별하지 않고 여러 종류의 꽃 주위를 이리저리 날아다닌다. 바로 이 점이 식물에 좋은 일이 아니라는 것이 문제다. 유채의 꽃가루가 민들레에 운반되면 씨앗이 생기지 않는다. 유채의 꽃가루는 유채에 운반되어야 수분을 한다.

그렇다면 어떻게 해야 등에가 제대로 꽃가루를 운반하게 만들 수 있을까? 식물은 이러한 문제를 제대로 해결하고 있다. 초봄에 피는 꽃들은 한 종이 무리를 이뤄 같은 장소에 모여 사는 군생群生의 성질이 있다. 모여서 꽃을 피우면 등에는 멀리 갈 필요 없이, 근처에 있는 꽃 주변을 날아다닌다. 이렇게 되면 같은 종류의 꽃 주변만 날아다니게 되어 그 주변에 수분을 할 수 있다. 따라서 초봄에 피는 꽃들은 자연스럽게 한 종류의 꽃으로 꽃밭을 만든다.

보라색을 좋아하는 벌

벌은 보라색을 좋아한다. 그래서 꿀벌을 불러들이는 보라색 꽃은 군생을 이루지 않고 각각 떨어져서 피는 경우가 많다.

벌은 식물에 있어 최고의 파트너다. 유능한 일꾼이기 때문이다. 그들은 여왕벌을 중심으로 가족끼리 산다. 그래서 가족을 위해 꽃에서 꿀을 모은다. 이런 벌들의 행동은 식물에 많은 꽃가루를 운반하는 결과를 가져온다. 머리가 좋은 벌은 같은 종류의 꿀을 식별해 꽃가루를 운반한다. 또한 비교적 멀리까지 날아갈 수 있는 능력을 갖추고 있다. 따라서 각각 떨어져서 핀 꽃에도 제대로 꽃가루를 나른다.

◆ 등에를 불러들이는 노란색 꽃과 벌을 불러들이는 보라색 꽃

다양한 꽃들이 벌을 불러들이기 위해 풍부한 꿀로 벌을 유인한다. 그렇지만 여기에는 문제가 있다. 꿀을 많이 준비하면 다른 곤충도 모여든다는 점이다. 모처럼 벌을 위해 열심히 준비한 꿀을 다른 곤충들에 빼앗겨 버린다면 아까울 것이다. 보라색 꽃은 어떻게 벌들에게만 꿀을 줄 수 있을까?

깊숙한 곳에 숨기는 꿀

식물은 이 문제도 제대로 해결하고 있다. 보라색 꽃은 벌만 꽃

가루를 옮길 수 있도록 곤충의 능력을 시험한다. 보라색 꽃은 복잡하다. 얇고 긴 구조이며, 기본적으로 꽃 속 깊숙한 곳에 꿀을 숨기고 있다. 그리고 꽃잎에는 꿀이 있는지를 나타내는 밀표蜜標라는 사인이 있다. 이 사인을 이해하는 좋은 머리와 좁은 장소에 숨어든 뒤 뒷걸음으로 나오는 능력이 있는 곤충만이 꿀을 얻을 수 있다.

이렇게 테스트를 완료하여 꿀에 도달한 벌은 같은 구조로 꿀을 빨아들일 수 있는 꽃에 가기를 원한다. 그래서 같은 종류의 꽃을 골라 날아간다. 벌도 자선사업을 하는 게 아니라서, 식물을 위해 같은 종류의 꽃으로 꽃가루를 옮기지는 않는다.

모든 생물은 자신의 이익을 위해 행동한다. 그러나 그런 이기적인 행동도 인간이 봤을 때는 서로 돕고 이득이 되는 관계로 이해한다. 자연계의 구조는 이처럼 짝을 잘 이루고 있다.

나비는 왜 유채꽃의 이파리에 머무를까

유채꽃 이파리와 배추흰나비

나비 유채꽃잎에 머물러라.

유채꽃잎이 질리면 벚꽃에 머물러라.

일본의 동요 〈나비〉의 가사를 살펴보면, 유채꽃밭 속의 나비가 꽃에서 꽃으로 날아가는 모습을 떠올릴지도 모른다. 그러나 이 노래에는 '유채꽃'이 등장하지 않는다. '유채꽃잎'만이 등장한다.

동요 속의 나비는 배추흰나비로, 실제로 유채꽃잎 위에 잘 머무른다. 배추흰나비의 유충인 배추벌레는 배추 속이나 양배추 등 십자화과(꽃의 모양이 한자의 십자형으로 이루어져 붙은 이름-옮긴이) 채소를 먹고 살며, 배추흰나비는 십자화과 채소에 알을 낳는다.

이 노래의 바탕이 된 가사는 '유채꽃잎이 질리면 벚꽃에 머물러라'가 아니라, '유채꽃잎이 싫으면 나뭇잎에 머물러라'이다.

배추흰나비는 다리 끝에 있는 감각 기관으로 십자화과에서 나오는 물질을 구별하며 이 잎사귀에서 저 잎사귀로 십자화과 채소를 찾아다니며 알을 낳는다.

식물을 먹는 곤충의 사정

그건 그렇고, 어째서 배추흰나비의 유충은 십자화과 채소밖에 먹지 않는 걸까? 아무것이나 먹는 편이 생존에 더 유리하지 않을까?

실은 배추벌레도 사정이 있다. 많은 곤충이 식물을 먹이로 삼는다. 그래서 식물은 해충 등을 방지하기 위해 다양한 기피 물질이나 독성 물질을 체내에 준비하고 곤충으로부터 자신을 지킨다. 그러나 곤충은 식물의 잎사귀를 먹지 않으면 굶어 죽는다. 따라서 곤충은 독성 물질을 분해하는 방법을 발달시켜 어떻게든 잎사귀를 먹으려고 한다.

식물에 따라 독성 물질의 종류가 달라서 곤충은 어떻게든 목표 먹이로 삼은 식물의 방어벽을 무너뜨릴 방법을 찾는다. 물론, 식물도 당하고만 있지는 않는다. 방어벽을 무너뜨린 곤충으로부터 몸을 지키기 위해 더욱 새로운 방어벽을 생각해 낸다. 그러면 또다시 곤충도 그 방어벽을 무너뜨릴 방법을 더욱 고민한다.

마치 멈추지 않는 시합과도 같다. 하지만 식물도 곤충도 모두 자신의 생존이 걸려 있는 문제라 질 수는 없다. 이쯤 되면 배추벌레도 계속 대응책을 발전시킬 수밖에 없다. 기껏 십자화과의 방어벽을 뚫기 위해 해 온 노력을 다른 식물의 방어벽을 뚫기 위해 새로 시작하는 건 번거롭기 때문이다.

꽃과 벌의 파트너십

식물과 곤충은 특정 라이벌 관계를 이루어 끝나지 않는 경쟁을 계속해 나간다. 곤충류 중에는 특정한 식물만 먹이로 삼는 경우가 많은데, 거기에는 나름의 이유가 있다.

곤충과 식물은 경쟁하면서 함께 진화해 나가는데, 이것을 '공진화共進化'라고 한다. 공진화는 라이벌이나 적 사이에서만 일어나지 않는다. 앞에서 이야기한 것처럼, 꽃과 곤충의 관계에서도 공진화 현상을 발견할 수 있다.

예를 들어 보자. 꽃은 꿀벌이 꽃가루를 옮겨 주길 바라기 때문에 꿀벌만이 꿀을 빨아들이기 쉬운 형태로 진화한다. 그렇게 되면 꿀벌도 그 꽃에 숨어 들어가기 쉽게 진화한다. 이렇게 특정한 파트너십이 발달하면서 꿀벌만이 꿀을 빨아들일 수 있는 특수한 꽃의 형태와 그 꽃의 꿀을 좋아하는 꿀벌이 함께 진화한다.

꽃의 첫사랑 이야기

최초로 꽃가루를 운반한 곤충

누구에게나 첫사랑은 있다. 진화 과정에서 곤충이 꽃가루를 옮길 때 식물은 어떤 모습이었을까? 그리고 최초로 꽃가루를 운반한 곤충은 어떤 종류였을까? 곤충은 식물로부터 꿀과 꽃가루를 얻고, 식물은 곤충으로부터 꽃가루를 운반하도록 하는 관계다. 학자들은 이렇게 서로를 사랑하는 공생 관계가 진화하면서, 최초로 꽃가루를 운반한 곤충은 아마도 풍뎅이류였을 거라고 짐작한다. 풍뎅이야말로 식물의 첫사랑인 것이다.

그 옛날, 식물은 꽃가루를 바람에 실어 운반했다. 그 시대 꽃에는 곤충을 불러들이기 위한 꽃잎이 없었다. 풍뎅이는 최초로 꽃가루를 먹으러 꽃에 다가갔다. 즉, 꽃의 입장에서는 해충이었다. 첫인상은 좋지 않았지만, 차츰 사랑으로 발전했다. 그러던 어느 날, 풍뎅이의 몸에 꽃가루가 묻었다. 그리고 풍뎅이가 다른 꽃으로 이동했다가 우연히 꽃가루가 이 꽃의 암술에 묻어 수분이 이뤄졌다! 이것이 식물과 풍뎅이의 사랑의 시작이었다.

아무리 곤충이 꽃가루를 먹는다고 해도, 꽃에서 꽃으로 날아다니는 곤충의 몸에 꽃가루를 묻혀 옮기는 방법은 바람을 통해 꽃가루를 날리는 방법보다 훨씬 효율적이었다. 이렇게 식물은 곤충을 이용해 꽃가루를 운반하는 꽃, 이른바 '충매화蟲媒花'를 발달시켰다.

다윈의 지독한 미스터리

곤충을 불러들이는 식물은 속씨식물이다. 속씨식물은 겉씨식물에서 진화했으나, 그 진화는 수수께끼에 싸여 있다. 진화론을 주장한 찰스 다윈Charles Robert Darwin(1831년 비글호를 타고 남아메리카와 남태평양의 여러 섬, 오스트레일리아 등을 항해하며 진화론을 정립하고 《종의 기원》을 탄생시킨 생물학자-옮긴이)은 속씨식물의 기원을 '지독한 미스터리abominable mystery'라고 불렀다. 인간의 선조가 원숭이

임을 밝힌 다윈에게도 속씨식물의 진화는 풀리지 않는 수수께끼였다.

찰스 다윈
(1809~1882)

매우 오래된 꽃의 형태는 목련의 친구쯤이라고 알려져 있다. 첫사랑을 할 때 어쩐지 어설프고, 똑똑하지 못한 것은 식물도 마찬가지. 나비나 벌처럼 화려하게 날아다닐 수 없는 풍뎅이는 재주 많은 곤충이라고 말할 수 없다. 풍뎅이는 추락하듯 서투르게 꽃에 착륙한 뒤 꽃가루로 급히 배를 채우고 꽃들 사이를 움직이

◆ 목련에 다가간 풍뎅이

며 돌아다닌다. 그래서 목련과는 위를 향해 꽃을 피우며 수술과 암술이 가득히 들어찬 모양새다. 날지 못하는 풍뎅이가 쉽게 꽃가루를 취할 수 있도록 배려한 것이다.

현재도 꽃무지아과나 꽃하늘소아과 등 풍뎅이과에 속하는 곤충을 통해 꽃가루를 옮겨야 하는 식물은 작은 꽃잎을 평평하게 해서 풍뎅이가 쉽게 움직일 수 있는 모양을 하고 있다. 이것이 식물과 풍뎅이의 첫사랑이다.

여름은 풍뎅이의 주 활동 기간. 그래서 풍뎅이가 꽃가루를 운반하는 꽃 중에는 짙은 녹음 속에서 빛나는 하얀색의 꽃이 많다. 풍뎅이가 선택한 첫사랑의 빛깔은 순백색이다.

트리케라톱스의
쇠퇴와 식물의 진화

공룡과 식물의 상관관계

트리케라톱스는 아이들에게 인기 많은 공룡이다. 트리는 '3'이라는 의미로, 트리케라톱스는 '3개의 뿔이 달린 얼굴'이라는 뜻이다. 우리가 아는 공룡 중에서도 진화한 종이다. 트리케라톱스가 나타나기 전까지 초식 공룡들은 긴 목으로 키 큰 나무의 잎을 먹는 공룡이 많았다. 그러나 트리케라톱스는 목이 짧고 다리도 길지 않다. 게다가 머리는 아래를 향하고 있다. 마치 초식 동물인 소나 코뿔소와 같은 모양새다.

사실 트리케라톱스는 나무 위의 잎뿐만 아니라 땅에서 나는 작은 화초도 먹을 수 있도록 진화했다. 공룡이 번성한 쥐라기 시대의 지구에는 거대한 겉씨식물이 숲을 형성했다. 그러나 공룡 시대의 마지막인 백악기에는 아름다운 꽃을 피우는 화초가 진화했다. 바로, 속씨식물이다.

속씨식물과 겉씨식물의 차이

씨앗을 만드는 종자식물에는 '속씨식물'과 '겉씨식물'이 있다. 겉씨식물은 '밑씨(수정 후 성숙하여 씨앗이 되는 종자식물의 생식기관-옮긴이)가 드러나 있는 형태'이지만, 속씨식물은 '밑씨가 씨방에 싸여 드러나지 않은 형태'라고 정의한다. 밑씨가 씨방에 둘러싸인 것은 식물의 진화 과정에서 매우 큰 사건이었다! 이로 인해 식물은 극적으로 진화했다.

밑씨는 씨앗의 근원이다. 자신의 다음 세대인 씨앗을 만드는 일은 식물에 있어 가장 중요한 문제다. 밑씨가 드러나 있다는 사실은 제일 중요한 부위가 무방비 상태라는 것을 의미한다. 하지만 중요한 씨앗을 씨방으로 감싸 지키는 식물이 나타났다. 바로, 속씨식물이다.

씨방의 생성이 이후 식물에 혁명적인 변화를 가져왔다. 그전까지 겉씨식물은 밑씨가 드러나 있어서 꽃가루가 확실히 도달해야

◆ 속씨식물과 겉씨식물의 구조

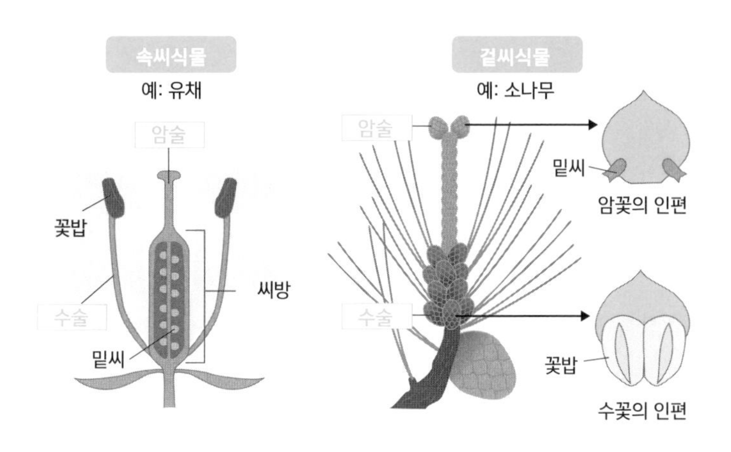

만 수정을 할 수 있었다. 그렇지만 속씨식물은 밑씨가 씨방에 싸여 있어서 씨방 속에서 안전하게 수정할 수 있다. 즉, 꽃가루가 도달하기 전부터 배아를 숙성시킬 준비를 할 수 있게 된 것이다. 이로써 속씨식물은 꽃가루가 도달한 뒤 수정할 때까지의 시간을 크게 단축할 수 있게 되었다.

예를 들어 보자. 겉씨식물인 소나무속屬은 꽃가루가 도달한 뒤에 수정까지 1년이라는 시간이 필요하다. 그러나 속씨식물은 꽃가루가 암술에 묻으면 빠르면 몇 시간, 늦어도 며칠 중에는 수정된다. 마치 도보로 가면 보름이 걸리는 거리가 고속 열차로 가면 3시간도 채 걸리지 않는 것과 같은, 엄청난 시간 단축이라고 할 수 있다.

아름다운 꽃잎을 진화시킨 속씨식물

수정을 빨리 진행하면 그만큼 다음 세대를 생산하는 데 걸리는 시간을 단축할 수 있다. 그리고 이러한 세대 갱신이 진행되면서, 진화에 가속이 붙는다.

공룡 시대가 끝날 무렵에는 안정적이었던 환경이 갑자기 변하여 지각 변동과 기후 변화가 일어났다. 그래서 식물들도 환경에 적응하여 재빠르게 변화해야만 했다. 식물의 진화가 본격 속도전에 돌입한 것이다.

속씨식물은 속도를 내기 위해 처음에는 어디에서나 빨리 자라는 풀로 진화했다. 천천히 커다란 나무로 자랄 만한 시간이 없었던 것이다. 이후 속씨식물은 꽃잎이 있는 아름다운 꽃으로 진화했다. 오래된 형태의 식물인 겉씨식물의 꽃에는 꽃잎이 없었고, 바람으로 꽃가루를 운반했다. 그러나 속씨식물은 아름다운 꽃잎을 지닌 꽃으로 진화했고 곤충들이 꽃가루를 운반하는 시스템을 발달시켰다.

트리케라톱스의 중독사

이러한 새로운 유형의 식물인 화초를 먹기 위해 진화한 것이 바로 트리케라톱스였다. 속씨식물은 곤충이 꽃가루를 운반하게 만들어 수분의 효과를 향상시켰고, 결국 진화에 가속이 붙었다. 트리케라톱스는 속씨식물의 진화에 발맞춰 함께 적응해 나갔다. 그러나 결국 속씨식물의 진화 속도를 따라잡지 못했다.

속씨식물은 세대를 거듭하면서 다양한 진화를 해 나갔다. 이 과정에서 병충해를 막기 위해 식물염기 유기 화합물인 알칼로이드라는 독성을 지니게 되었다. 과학자들은 트리케라톱스 등의 공룡들이 그러한 물질을 소화하지 못하고 중독사를 일으켰다고 보고 있다. 실제로 백악기 말기의 공룡 화석을 보면 기관이 매우 비대하거나 알껍데기가 얇아지는 등 중독을 연상시키는 심각한 생리 장애 증상을 발견할 수 있다. 그러고 보니, 현대에 공룡을 되살리는 〈쥬라기 공원〉과 같은 영화에서도 트리케라톱스가 식물의 중독으로 쓰러지는 장면이 있었다.

많은 학자들은 공룡 멸종의 직접적인 원인을 소행성 충돌로 추측한다. 그렇지만 이전부터 속씨식물의 진화로 공룡들은 쇠퇴의 길을 걷고 있었다.

사과 꼭지는 어디에 있을까

귤과 사과의 위아래

귤은 어느 쪽이 위고, 어느 쪽이 아래일까? 우리는 꼭지가 있는 부분을 위로 귤을 놓는다. 하지만 식물 입장에서 생각하면, 가지와 연결되어 있던 자루 부분이 뿌리 쪽이 된다. 즉, 자루가 붙어 있는 꼭지 부분이 아래가 되어야 한다는 것이다.

꽃의 구조를 생각해 보자. 꽃의 근원에 꽃받침이 있고 꽃받침 위에 씨방이 있다. 이 씨방이 과실이 되고 꽃받침 부분이 꼭지가 된다. 예를 들면, 귤이나 감은 자루 부분에 꼭지가 있다. 과실의 꼭지는 꽃의 밑동에 있던 꽃받침이 변화한 것이다.

그렇다면 사과는 어떨까? 사과도 꽃의 경우처럼 축이 있는 쪽

◆ 감과 사과의 단면도

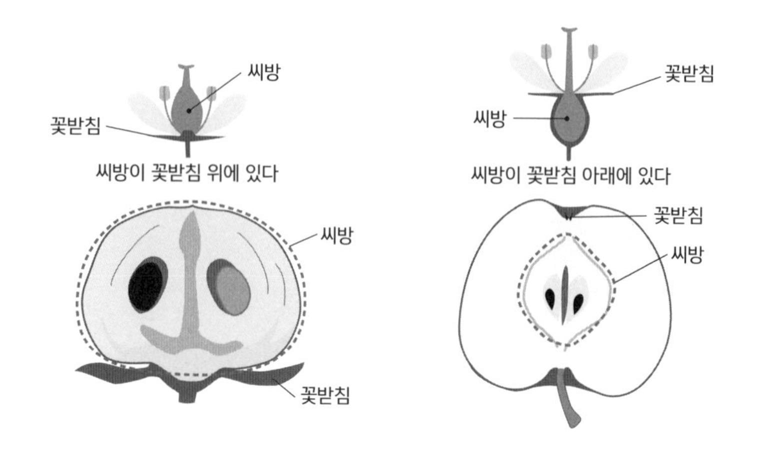

이 아래가 된다. 그러나 사과에는 귤이나 감에 있는 꼭지가 없는 것처럼 보인다. 사과 꼭지는 어디에 있는 걸까?

사과의 자루 부분을 아래로 하면 자루와 과실 사이에는 꼭지가 없다. 그러나 과실의 반대 측에 움푹 팬 곳을 보면 어떠한 흔적 같은 것이 있다. 이것이 사과의 꽃받침이다. 사과는 과실 위에 꽃받침이 있다.

사과는 씨방이 비대해져서 생긴 과일이 아니다. 사과는 속씨식물 꽃의 모든 기관이 달리는 꽃자루 맨 끝의 불룩한 부분인 꽃받침이라는 부분이 씨방을 감싸듯이 비대해져 과육이 생긴 과일이다. 씨방이 커져서 생긴 진짜 과일이 아니므로 '헛열매'라고 한다.

그렇다면 사과의 씨방에서 유래한 진짜 과일은 어디에 있는 걸까? 사실 우리가 먹지 않는 사과 가운데 부분은 사과의 씨방이 변화한 것이다. 원래 씨방은 씨앗을 보존하기 위한 부위였지만 발달을 거듭하여 과실이 되었고, 동물이 먹음으로써 씨앗을 퍼뜨리게 되었다. 그러나 씨앗을 보호하는 역할을 하는 씨방이 먹히면 씨앗도 함께 먹힐 위험이 있다. 그래서 씨방이 아닌 사과의 꽃대가 동물이 먹을 수 있는 과실로 변화했고 씨방이 다시 씨앗을 보호하는 역할을 하게 된 것이다.

기묘한 딸기의 비밀

딸기도 잘 보면 기묘한 과일이다. 딸기에 하나하나 박혀 있는 것은 딸기의 씨. 그렇다면 이것은? 과일의 안이 아닌 바깥에 씨앗이 있는 셈이다!

우리가 먹는 딸기의 새빨간 부분도 실은 과실이 아니다. 딸기의 빨간 과실도 꽃받침이라고 불리는 꽃의 뿌리 부분이 두꺼워

◆ 딸기는 과실 표면에 씨앗이 있다

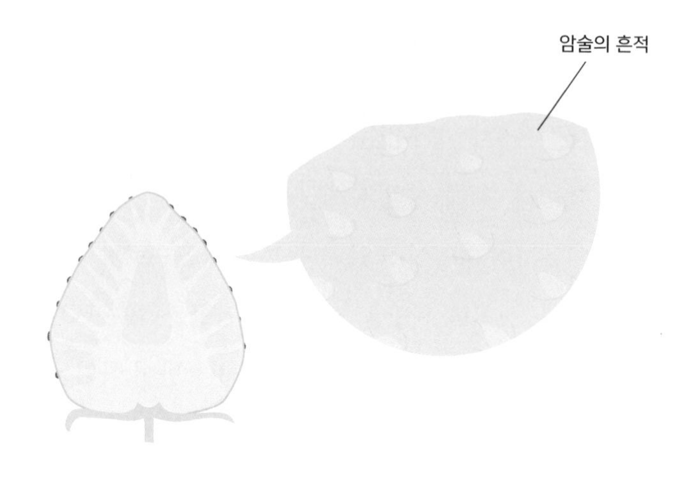

딸기의 열매 표면에 박혀 있는 진짜 과실

진 것이다. 딸기는 꽃받침 위에 작은 씨방이 많다. 그리고 꽃대인 꽃받침 부분이 커져 과육이 되었다.

그렇다면 딸기의 진짜 과실은 어디에 있는 걸까? 실은 딸기의 씨앗이라고 설명했던 딸기 표면에 박혀 있는 것들이 진짜 열매! 딸기에 박힌 것들을 잘 살펴보면 막대기 모양 같은 것이 붙어 있음을 알 수 있다. 이것이 암술의 흔적이다. 과실은 암술의 뿌리에 있는 씨방이 발달하여 생기는 것이니, 이 알이야말로 딸기의 진짜 과실인 셈이다.

과실은 새를 위해 과육을 살찌운다. 그러나 딸기는 꽃받침을 맛있게 살찌우므로 진짜 과실을 키울 필요가 없다. 딸기는 우리가 씨라고 생각하는 이 작게 박혀 있는 것들 안에 각각 하나의 씨앗을 품고 있다. 딸기의 과실은 씨앗을 감싸고 있는 존재로, 표면에 박힌 것들은 대부분 씨라고 생각하면 된다.

사과와 딸기는 같은 부류

겉으로 보았을 때는 전혀 그렇게 생각하지 않겠지만, 실은 사과와 딸기는 같은 부류로, 모두 장미과 식물이다. 장미과는 식물 중에서도 더 진화를 이룬 종류 중 하나다. 과실을 동물들이 먹게 하여 씨앗을 퍼트린다는 발상을 처음으로 실현한 식물 중 하나가 바로 이 장미과 식물. 그만큼 진보적인 식물이어서 그런지 장미과의 식물은 복잡한 과실을 만든다.

그런데 사과와 딸기가 같은 장미과 식물이라고? 언뜻 이해가 가지 않을 수 있다. 사과는 나무에서 열리지만, 딸기는 땅에서 자라는 풀에서 나며 커다란 나무가 되지 않는다. 식물에 있어 나무와 풀은 어떤 차이일까? 이에 대해서는 86쪽에서 자세히 설명한다.

알수록 다른 서양 민들레

잡초에 대한 환상

잡초는 밟혀도 다시 일어난다고 알려져 있다. 이 말은 사실일까? 한두 번 밟힌 정도라면 괜찮겠지만, 사람들이 계속 밟아대면 잡초도 다시 일어설 수 없다. 다시 말해, 잡초는 밟히면 다시 일어서지 않는다! 실망하는 사람이 있을지 모르겠다. 그러나 잡초가 어째서 다시 일어서야만 하는 걸까?

식물에 있어서 가장 중요한 과제는 꽃을 피우고 씨앗을 남기는 일. 그러니 밟힌 뒤 다시 일어서는 쓸데없는 일에 에너지를 쓰기보다는, 밟혀도 꽃을 피워 씨앗을 남기는 일이 더욱 중요하다.

밟혀도 다시 일어선다는 것은 인간의 환상이다. 식물의 존재

방식은 우리가 생각하는 것보다 훨씬 더 합리적이다. 민들레는 줄기가 쓰러졌어도 꽃을 피우는 경우가 있는데, 이는 줄기가 밟혀서 쓰러진 것이 아니다. 잎이 밟혀서 자극을 받으면 줄기가 옆으로 뻗어나면서, 밟힌 충격에서 벗어나 다른 방향으로 자란다.

약한 민들레와 강한 민들레

민들레는 외국에서 들어온 외래종인 서양 민들레와 옛날부터 이 땅에 살던 재래종인 토종 민들레로 나뉜다. 서양 민들레는 세력을 확대하고 있지만, 토종 민들레는 점점 그 개체 수가 줄어들고 있다. 토종 민들레보다 서양 민들레가 강하다는 것일까? 둘의 능력을 비교해 보았다.

서양 민들레의 씨앗은 토종 민들레보다 작고 가볍다. 따라서 더욱 멀리까지 씨앗을 날려 보낼 수 있다. 또한 씨앗이 작다는 것은 그만큼 씨앗의 개수를 많이 만들 수 있다는 의미다.

토종 민들레는 타가 수정으로 생식을 하는 타식他殖(유전자형이 다른 개체에서 유래한 암수 두 배우자의 교배를 뜻하며, 자가 수분인 자식自殖성 식물, 즉 하나의 개체에서 수정이 일어나는 식물과 대응하는 용어다-옮긴이)성 식물로, 벌이나 등에 등이 꽃가루를 운반해 주지 않

◆ 민들레의 구분

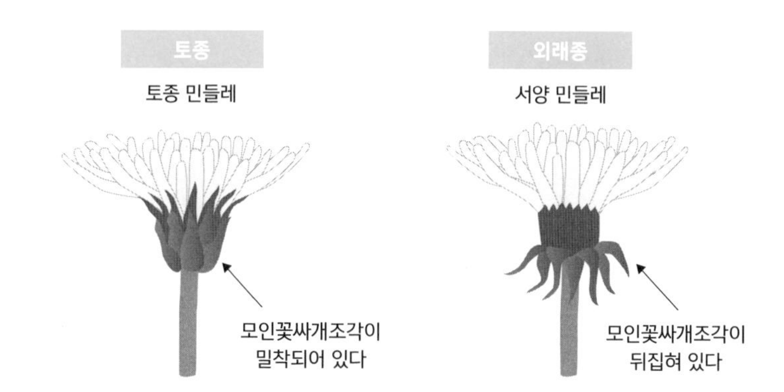

서양 민들레는 모인꽃싸개조각이 뒤집혀 있다

*모인꽃싸개조각: 국화과 식물 등에서 볼 수 있는 둥그렇게 모여 있는 꽃싸개를 구성하는 조각을 말한다–옮긴이

으면 씨앗이 생기지 않는다. 29쪽에서 군생하며 핀다고 이야기한 것은 토종 민들레를 가리킨 것이다.

그에 반해, 서양 민들레에는 씨앗을 만들 수 있는 '아포믹시스apomixis'라는 특수한 능력이 있다. 수정 없이 종자를 만들 수 있다는 뜻이다. 주변에 꽃이나 곤충이 없는 환경에서도 씨앗을 만들 수 있다. 봄에만 꽃이 피는 토종 민들레와는 다르게, 서양 민들레는 1년 내내 꽃을 피운다. 서양 민들레는 꾸준히 꽃을 피워 계속 씨앗을 뿌릴 수 있기에 토종 민들레보다 개체 수가 쉽게 증가한다.

이렇게 보면 서양 민들레가 토종 민들레보다 강해 보인다. 정말 그럴까? 토종 민들레 씨앗은 서양 민들레 씨앗보다 크다. 그래서 멀리 날아가기에는 한계가 있지만, 씨앗이 크기 때문에 싹도 큼직하게 자란다. 다른 식물과 경쟁하면서 성장하는 민들레에 있어서 중요한 점이다. 아울러, 종류가 다른 꽃의 꽃가루와 교배하여 다양성이 풍부한 자손을 남긴다. 이것은 여러 다른 환경에 적응하는 데 유리하다.

토종 민들레는 봄에 꽃이 핀다. 빨리 꽃을 다 피우고, 씨앗을 날려 보낸 뒤 뿌리만 남아 스스로 시들어 버린다. 여름이 되면 민들레 주변에 다른 식물들이 무성히 자라 작은 민들레에 햇볕이 닿지 않아서, 다른 식물들과의 경쟁을 피해 땅속에서 시간을 보내는 전략을 취한다. 즉, 토종 민들레는 풍요로운 자연환경을 매우 영리하게 활용하면서 자란다.

서양 민들레는 씨앗이 작고, 경쟁력이 강하지 않다. 1년 내내 꽃을 피울 수 있어서 다른 식물들의 성장이 도드라지는 여름에는 경쟁에서 뒤처지고 만다. 대신, 다른 식물이 나지 않을 법한 도시의 길가에 꽃을 피우며 분포 지역을 넓힌다.

서양 민들레가 확산되고 토종 민들레가 감소하는 더욱 직접적

인 이유는, 토종 민들레가 자랄 만한 자연환경이 감소하기 때문일 것이다. 둘 중 어느 쪽이 강하고 약하다는 말이 아니다. 모두 스스로 잘 자랄 수 있는 장소를 선택해 서식지로 삼는다. 이러한 식물들의 서식지를 '생태학적 니치ecolonical niche(생태적 지위)'라고 한다. 잡초라고 아무 데서나 자라지 않는다!

제비꽃을 본뜬 디자인

꽃잎을 둥글게 이어 붙인 문양

"물러서라, 이 문양을 보지 못하였느냐!"

주인공이 3장의 꽃잎 모양으로 장식된 작은 도장함을 품에서 꺼내면, 탐관오리들은 일제히 땅에 엎드린다. 에도 시대를 배경으로 한 일본의 유명 텔레비전 사극인 〈미토 고몬〉의 한 장면이다. 도장에 새겨진 3장의 꽃잎은 도쿠가와 가문의 문양이다.

이 문양은 하트 모양의 잎을 세 장 조합한 디자인이다. 이 문양의 모티브가 된 것은 제비꽃이라는 식물이다. 제비꽃은 실제로는 잎이 2장이지만 도안의 아름다움을 위해 잎을 3장 조합한 모양이 되었다.

◆ 세 잎의 아욱과 꽃의 문장

아름다운 접시꽃이나 닥풀 등이 아욱과 식물이다. 제비꽃은 제비꽃과로, 아욱꽃과 전혀 비슷하지 않다. 그러나 하트 모양의 이파리 형태가 비슷하다고 하여 일본에서는 모두 '아욱꽃'이라고 부른다.

이 가문의 문장이 제비꽃잎으로 꾸며진 이유가 있다. 도쿠가와 이에야스의 조부가 전쟁터로 나가면서 물가에 난 풀잎에 음식을 담아 먹은 다음 승리를 거두었는데 이를 기념하며 세 잎의 아욱꽃을 깃발 문양으로 삼았다고 전해진다.

이 이야기에 사용된 식물이 바로 순채다. 순채는 물옥잠과의 식물이지만, 잎이 아욱꽃과 똑같이 하트 모양이어서 일본에서는

◆ 세 잎의 아욱꽃과 닮은 세 잎의 개연꽃으로 된 가문의 문양

아욱꽃을 의미하는 한자인 '규葵'가 들어간 '미즈아오이水葵'라고 불리게 되었다.

에도 시대에는 아욱꽃 문양을 쇼군 가문만 사용할 수 있었다. 그래서 세 잎의 아욱꽃을 동경하여 등장한 것이 그림과 같은 가문의 문양이다. 세 잎의 아욱꽃과 흡사한 이 가문의 문양은 '세 잎의 개연꽃'이라고 한다. 개연꽃은 물가에서 선명한 노란색 꽃을 피우는 수련과의 수초다. 개연꽃의 잎이 하트 모양이어서 이런 가문의 문양이 만들어진 것이다.

광합성에 유리한 하트 모양

생각보다 우리 주변에서 하트 모양의 잎을 많이 볼 수 있다. 하트 모양의 잎 형태는 기능 면에서 꽤 충실하다. 식물이 빛을 받아 광합성을 하려면 잎 면적이 넓을수록 유리하다. 그러나 잎이 너무 크면 잎꼭지가 잎을 지탱할 수 없다. 따라서 꼭지 후면의 면적을 넓혀 잎을 하트 모양으로 만들면, 잎꼭지가 무게 중심의 균형을 유지하면서 커다란 잎을 지탱할 수 있다. 게다가 잎 뿌리 부분이 푹 파여 있는 하트 모양의 특성상 잎사귀에 떨어진 빗물이나 밤이슬이 잎꼭지를 통해 뿌리 부분으로 흡수되어 물을 모으는 역할도 한다. 잎의 모양에도 분명한 이유가 있다!

단풍이 물드는 이유

식물의 이파리 공장

가을은 나뭇잎을 선명한 붉은색과 노란색으로 물들인다. 여름 동안 녹색이었던 잎이 가을이 되면 변하는 이유는 무엇일까? 이 현상에는 단풍의 슬픈 이야기가 숨겨져 있다.

식물의 잎은 광합성을 하는 소중한 기관. 이른바 생산 공장 같은 역할을 한다. 식물의 잎에 있어 여름은 바쁜 계절이다. 공장의 에너지인 햇볕이 듬뿍 쏟아진다. 광합성은 화학 반응이어서 온도가 높으면 활발해진다. 그러므로 빛이 강하고 온도가 높은 여름에 식물의 잎은 활발히 광합성을 해서 당을 만든다. 마치 기운차게 돌아가는 공장과도 같다.

그렇지만 이 활발한 광합성이 언제까지나 지속되는 것은 아니다. 이윽고 여름이 끝나고 서늘한 가을바람이 불기 시작하면, 햇볕은 나날이 약해지고 낮 시간의 길이도 짧아진다. 광합성에 필요한 햇볕은 적어지고 기온이 낮아져 광합성의 효율이 줄어든다. 당의 생산성도 서서히 줄어든다. 그리고 계절은 겨울을 향한다.

생산량이 줄어든 생산 공장인 잎은 적자를 맞는다. 당의 생산성은 줄어들지만, 식물은 호흡으로 당을 계속 소비하기 때문이다. 게다가 잎에서 수분이 끊임없이 증발한다. 가을에서 겨울이 되면 강우량도 적어진다. 광합성을 하지 못할 뿐 아니라, 귀중한 수분을 낭비하게 된다. 중요한 단백질은 아미노산으로 분해되어 나뭇가지로 돌아간다. 아무래도 더는 공장이 돌아가지 못할 것 같다.

그렇게, 어느 순간 식물은 짐이 되어 버린 잎을 버릴 것을 결단한다! 식물은 잎과 줄기가 연결된 부분에 '이층離層'이라는 수분과 영양분이 지나가지 않는 층을 만든다. 이렇게 되면 수분도 영양분도 잎에 공급되지 않는다. '이층', 가을부터 살기 위해 버틴 잎에 있어 이 얼마나 차가운 말인가.

그러나 생산 공장인 식물의 잎은 씩씩하다. 수분과 영양분의 공급이 끊겨도 이미 가지고 있는 한정된 수분과 영양분으로 잎을 유지하면서, 광합성을 계속한다. 그렇지만 아무리 열심히 광합성을 해도, 생성된 당분은 식물의 본체에 전해지지 않는다. 이미 잎의 뿌리에 이층이라는 두꺼운 벽이 만들어졌기 때문이다. 잎은 광합성으로 만든 당분을 조금씩 그대로 축적한다.

이렇게 잎 속에서 만들어지고, 축적된 당분에서 '안토시아닌'이라는 붉은 색소가 만들어진다. 안토시아닌은 수분 부족 또는 차가운 기온으로 발생하는 식물의 스트레스를 경감시키는 물질이다. 식물의 본체가 돌보지 않아 수분이 부족하고 온도가 낮은 환경 속에서 홀로 당분을 만드는 잎의 사투와도 같다. 그렇지만 곧 한계에 이른다.

광합성을 계속하던 잎 속의 엽록소는 결국 낮은 기온으로 파괴된다. 그리고 녹색의 엽록소가 사라지면, 이번에는 반대로 잎에 축적되어 있던 안토시아닌의 붉은 색소가 눈에 띈다. 단풍은 밤낮의 온도 차가 클수록 아름답다. 낮 동안 광합성으로 벌어들인 당분이 밤의 추위로 안토시아닌으로 변화하면서, 엽록소가 파괴된다.

◆ 잎이 붉어지는 과정

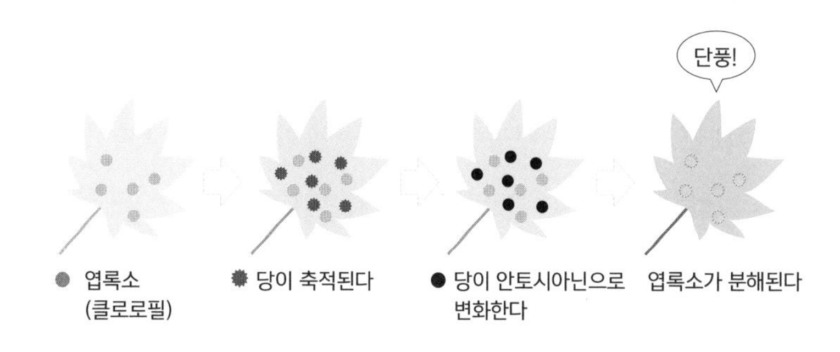

낮에 열심히 일하고, 벌어들인 끝에 맞이하는 엽록소의 최후. 이 차이가 극명할수록 단풍의 색은 짙어진다. 여기서 질문 하나. 식물이 수분 부족과 추위를 견디기 위해 만든 물질이 하필이면 왜 붉은색을 띨까?

식물이 붉은색이나 노란색 꽃을 피우는 것은 곤충을 불러들이기 위해서이고, 과실이 붉은색을 띠는 것은 새를 불러들이기 위함이다. 그렇다면 단풍이 붉은색인 이유가 있는 것일까?

단풍이 붉은 데 이유는 없다

PC와 스마트폰 등으로 눈을 혹사하는 현대인들에게 안토시아닌이 주목받고 있다. 식물 성분인 안토시아닌이 왜 사람의 눈에 좋은 걸까?

안토시아닌은 식물에 있는 붉은 자주색의 색소다. 식물은 안토시아닌으로 다양한 것들을 색으로 물들인다. 꽃의 색깔이 적색이나 보라색인 이유는 안토시아닌 때문이다. 식물은 꽃을 색으로 물들여 곤충을 불러들이고, 꽃가루를 배달시킨다. 사과나 포도 등 과일의 붉은색과 보라색도 안토시아닌 때문이다. 식물은 이렇게 과일에 색깔을 입혀 새를 모으고 씨앗을 옮긴다.

식물이 움직이는 기회는 2번. 꽃가루와 씨앗을 이동시켜 움직인다. 식물은 이 꽃과 과일이라는, 움직일 수 있는 수단에 색소를 교묘하게 이용한다.

꽃과 과일의 색에는 의미가 있다. 그러나 어째서 색이 있는지 도무지 알 수 없는 사례도 있다. 예를 들어, 앞서 말한 것처럼 단풍은 안토시아닌으로 빨갛게 물든다. 단풍은 우리의 눈을 즐겁게 하지만, 식물이 살아가는 데 있어서 아름답게 물들어야 할 이유는 없다. 심지어 차조기 잎도 붉게 물든다. 물론 이 또한 안토시아닌 때문이다. 잎이 고운 색으로 물들어도 새나 곤충은 다가오지 않는다. 고구마 껍질의 색깔도 안토시아닌의 영향이다. 땅에서 나는 고구마가 예쁜 색으로 물들 이유는 없다.

◆ 안토시아닌의 역할

붉은색의 색소	자외선을 흡수하여 세포를 보호한다
수분 부족과 추위로부터 잎을 보호한다	항균 활성과 항산화 기능으로 병원균으로부터 몸을 지킨다

식물이 만든 놀라운 색소

여기서 주목할 사실이 있다. 안토시아닌에는 색을 물들이는 색소 이외의 역할이 있다. 안토시아닌은 자외선을 흡수하고, 자외선으로부터 세포를 보호한다. 잎이 안토시아닌이라는 색소를 만드는 이유가 바로 그 때문이다.

안토시아닌은 세포의 침투압을 높여 보수력保水力을 높이고, 얼어붙는 일을 방지한다. 단풍으로 물든 잎이 안토시아닌을 축적하는 이유는 수분 부족 및 추위로부터 잎을 지키기 위해서다. 또한 항균 활성 및 항산화 기능이 있어 병원균으로부터 몸을 보호한다. 고구마 껍질도 안토시아닌을 만드는 것이 이 때문이다.

안토시아닌은 편리한 물질이다. 식물에는 안토시아닌 이외에도 다양한 색소가 있다. 이 색소들에는 모두 색을 내는 것 이외에도 다양한 기능이 있다. 움직일 수 없는 식물은 병충해나 환경의 변화로부터 몸을 보호하기 위해 다양한 물질을 만든다. 그런데 이러한 물질을 만들려면 비용이 든다. 뿌리로 흡수한 영양분 및 광합성으로 만든 당분을 사용해야만 하는 것이다. 그러나 영양분을 성장에 투자해 몸집을 키우는 일도 식물에 꼭 필요한 일이다. 단순히 몸을 보호하기 위한 물질만을 만들고 있는 것은 아니다.

이러한 점들로 보자면, 식물은 다양한 기능을 하는 하나의 물질을 선호하며 생산한다는 것을 알 수 있다. 이 다기능 물질의 항균 활성 및 항산화 기능은 우리의 몸에도 다양한 효과를 가져온다. 안토시아닌과 같은 식물의 다기능 물질은 인간의 몸속에서 식물이 의도하지 않은 유용한 작용을 하기도 한다.

매혹적인 식물의 독

왜 하필 찻잎을 끓여 마실까

차는 차나무라는 식물의 잎으로 만든다. 녹차, 홍차, 우롱차 모두 차나무가 원료다. 차나무는 차나뭇과의 상록수(74쪽 참조)다. 차는 짙은 녹색을 띤 딱딱한 동백나무 잎과 많이 닮았다. 차나무는 중국 남부가 원산지인 식물로, 현재는 세계 각지에서 재배되며 녹차와 홍차는 전 세계 사람들이 즐겨 마시는 음료다.

그렇다면 어떻게 많은 식물 속에서 차나무를 알아봤을까? 어째서 비슷한 잎이 달린 동백나무로는 차를 만들 수 없는 걸까?

중국에 전해 내려오는 전설이 있다. 신농이라는 사람이 다양한 식물을 시식하고 약이 되는 식물과 먹을 수 있는 식물을 골라냈

◆ 차나무의 잎, 커피나무의 씨앗, 카카오의 씨앗

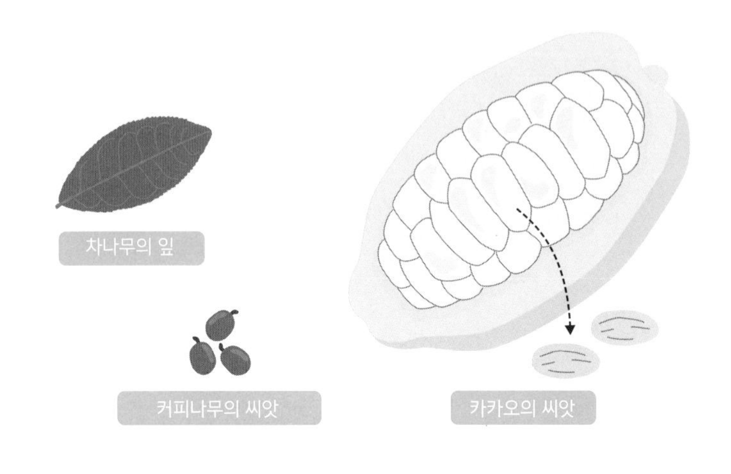

다고 한다. 이때 실수로 독풀을 먹은 뒤, 독소를 제거하려고 찻잎을 씹었다고 한다. 전설 속의 시대에 이미 다른 식물보다 앞서 차가 약으로 이용되고 있었던 것 같다.

인류를 매료시킨 카페인

홍차는 커피, 코코아와 함께 세계 3대 음료로 꼽힌다. 홍차와 마찬가지로 커피나 코코아도 식물이 원료다. 커피는 꼭두서닛과의 커피나무 씨앗으로, 코코아는 벽오동과의 카카오 씨앗으로 만든다. 이 3대 음료에는 카페인이라는 공통 함유 물질이 있다. 카페인은 잠을 깨우고, 머리를 맑게 하고, 피로를 해소하며, 집중력을 높이는 등의 효과가 있다. 인류는 무수히 많은 식물 중에서 카페인을 함유한 식물을 골라냈다!

식물은 어떻게 인간에게 좋은 효과를 가져오는 카페인을 갖고 있을까? 카페인은 '알칼로이드'라는 독성 물질의 일종이다. 이는 식물이 곤충이나 동물로 인한 병충해를 막기 위해 사용한 기피 물질이었다. 그러나 미세한 독은 인간의 몸에 약으로 작용하기도 한다.

카페인에는 인간의 신경계에 진정 작용을 방해하는 독성이 있다. 그래서 인간의 신경이 각성 및 흥분을 일으켜 몸이 활성화된다. 독성 물질인 카페인을 감지한 인간의 몸은 독에 대항하기 위해 스스로 다양한 기능을 활성화한다. 이런 작용 때문에 카페인을 섭취하면 다소간 건강에 도움이 된다. 또한 카페인은 이뇨 작용을 한다. 커피와 홍차를 너무 많이 마시면 화장실에 가고 싶어지는데, 이것은 인체가 독성 물질인 카페인을 몸 밖으로 배출하려고 하기 때문이다.

카페인을 함유한 코코아도 마찬가지다. 카카오 열매가 원료인 초콜릿에도 카페인이 포함되어 있다. 카카오와 같은 벽오동과 식물 중에 콜라가 있는데, 이 열매가 콜라 음료의 원료다. 식물에 있는 카페인이라는 독성은 인간을 매료시킨다.

독과 약은 종이 한 장 차이

인간을 매료시킨 식물의 독성분은 카페인만이 아니다. 담배의 니코틴, 고추의 매운맛 성분인 캡사이신, 난초과 식물인 바닐라의 열매에 포함된 바닐린도 인간을 매료시키는 식물의 독성 물질이다. 허브티, 향신료, 약초 등에 함유된 많은 성분은 원래 식물이 몸을 지키기 위해 만드는 독성 성분이다. 독과 약은 종이 한 장 차이다. 인간은 오래전부터 식물이 지닌 독성 물질을 교묘하게 이용해 왔다.

소나무는 왜 항상 푸른빛일까

생명력을 상징하는 상록수

소나무는 길한 식물이다. 천 년을 사는 학도 소나무의 가지 위에서 쉰다. 그런데 소나무가 길하다고 알려진 이유는 무엇일까? 모든 생물이 생을 다한 것처럼 느껴지는 겨울에도 소나무의 잎은 시들지 않고 푸르다. 이 생명력으로 사람들은 소나무를 불로장수의 상징으로 여겼다. 앞에서 소개한 것처럼 겨울에 스스로 잎을 떨어트려 수분의 증발을 막는 '낙엽수'는 월동에 적응한 새로운 시스템의 나무다. 한편, 추운 겨울에도 잎을 달고 있는 '상록수'는 오래된 식물이다. 사람들은 상록수에서 성스러운 생명력을 느꼈다.

상록수인 비쭈기나무는 한자로는 나무 목木에 귀신 신神자를 조합하여 '신나무 신榊'이라고 쓴다(비쭈기나무는 제주도와 전남 및 경남 일부 산지에서 자라며 일본, 중국, 대만에도 분포한다-옮긴이). 일본에서는 이 나무를 신성한 식물로 여겨 신사에 바칠 때 사용한다(제주도, 진도, 완도의 700미터 이하의 산지에서 자라는 붓순나무도 상록수다-옮긴이). 서양에서도 크리스마스에 서양 호랑 가시를 이용해 장식하고, 유럽 전나무는 신성한 나무라고 생각해 크리스 마스트리로 꾸민다. 이 또한 상록수다. 입춘, 입하, 입추, 입동의 전일인 절분節分에 장식하는 호랑가시나무도 상록수다. 이처럼 사람들은 겨울에도 푸른 잎을 유지하는 상록수를 길하다 여기며 아꼈다. 그러나 아무리 오래된 식물이라고 해도, 상록수 역시 겨울의 추위를 견디기 위해 노력한다.

조금 다른 종류의 상록수들

상록수는 크게 2가지 종류로 나뉜다. 하나는 겉씨식물인 상록수다. 겉씨식물은 추위에 적응하면서 수분 증발을 막기 위해 잎을 가늘게 만든다. 이러한 식물을 '침엽수'라고 한다. 소나무는 침엽수과다. 삼나무, 노송나무, 전나무 등의 겉씨식물 중에는 침

◆ 침엽수와 상록활엽수의 잎

엽수라고 불리는 식물이 많다. 속씨식물이 진화 과정에서 등장하면서 겉씨식물은 극한의 땅으로 쫓겨나게 되었다. 그래서 대부분의 겉씨식물은 추위에 적응하기 위해 잎을 뾰족하게 만들었다. 하지만 소나무처럼 잎을 가늘게 만들면, 햇빛을 쐬고 광합성을 하는 효율은 높지 않다.

진화한 속씨식물은 넓은 잎이 특징이다. 그래서 '활엽수'라고 불린다. 스스로 잎을 떼어 버리는 새로운 유형의 활엽수는 '낙엽활엽수'라고 불린다. 활엽수 중에도 겨울에 잎을 떼어 버리지 않는 '상록활엽수'가 있다. 추운 겨울이 있는 지역의 상록활엽수는 잎의 표면을 왁스층으로 덮어 수분 증발을 막는다. 이러한 잎은 왁스층 때문에 표면에 광택이 있어 '조엽수'라고도 한다.

그렇지만 조엽수도 한계가 있는데, 따뜻한 지역에 분포하며 너무 추운 지역에서는 서식할 수 없다. 추운 지역에서는 역시 스스로 잎을 떼어 버리는 낙엽수가 생존에 유리하다.

침엽수는 낙엽수보다 더 추운 지역에서 산다. 예를 들면, 일본의 홋카이도에는 가문비나무와 분비나무 등의 침엽수가 널리 분포하고 있다. 유라시아 대륙이나 북아메리카 대륙의 고위도 지역에는 타이가라고 불리는 침엽수 숲이 펼쳐져 있다.

왜 침엽수가 낙엽수보다 더 추운 지역에서 잘 살까? 속씨식물이 분포 지역을 넓히는 와중에 왜 침엽수는 낙엽수를 대신할 수 없었던 걸까?

조금 뒤처진 시스템으로 살아남는 법

실은 침엽수가 시대에 뒤처진 오래된 유형의 식물이었던 점은 뜻밖의 행운이었다. 더 진화한 속씨식물의 줄기 속에는 물관이라는, 수도관처럼 물이 흐를 수 있는 조직이 있다. 원통형이고 속은 비어 있다. 물관은 뿌리로 빨아올린 물을 대량으로 운반한다.

◆ 침엽수의 헛물관

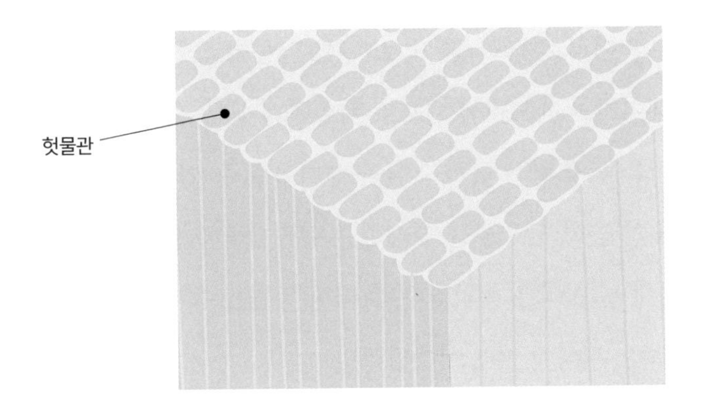

하지만 침엽수는 겉씨식물이라 물관이 발달하지 않았다. 대신에, 세포와 세포 사이에 작은 구멍이 뚫려 있어 이를 통해 세포에서 세포로 물을 전달한다. 이것은 물관이 발달하기 전 단계인 '헛물관'이라는 시스템이다.

물을 한 번에 통과시키는 물관과 비교해 보면 헛물관은 물을 운반하는 데 있어 효율성이 좋지 않다. 그러나 물관보다 뛰어난 점이 있다! 물관 속에는 물이 이어져 형성된 물기둥이 있다. 그리고 잎 표면을 통해 증산으로 물이 소실되면 그만큼 물을 끌어올릴 수 있다. 그러나 물관 속의 물이 동결되면 얼음이 녹을 때 생긴 기포로 물기둥 속이 비어 버리는 '공동'이 생기고 만다. 이렇게 흐름에 끊어진 곳이 생기면 물을 빨아올릴 수 없다.

헛물관은 여러 사람이 한 줄로 서서 양동이로 물을 전달하는 버킷 릴레이처럼 세포에서 세포로 확실하게 물을 전달한다. 그러므로 얼어붙을 것 같은 곳까지 물을 빨아올릴 수 있다.

공룡이 살던 시대, 지구를 제패했던 겉씨식물은 새롭게 등장한 속씨식물에 설 자리를 빼앗겼다. 그러나 동결에 유리한 침엽수로서 매우 추운 지역에 퍼져 살아남았다.

소나무는 눈이 쌓여도 푸르른 잎을 유지한다. 오래된 것이 나쁜 것만은 아니다. 소나무는 이 유행에 뒤처진 오래된 시스템 덕분에 길한 식물로 사람들에게 사랑받고 있는 셈이다.

Part II

재밌어서 밤새 읽는 식물학

나는 싹을 티우지 않는다

쉽지 않은 야생 식물

잡초를 키워 본 사람은 매우 드물지 않을까? 멋대로 자라는 잡초는 사람들이 굳이 키우는 식물이 아니다. 그러나 한번 잡초를 키워 보려고 하면 결코 쉽지 않다는 사실을 알 수 있다. 씨앗을 뿌려도 좀처럼 싹이 나오지 않기 때문이다.

교과서에서 식물의 발아에 필요한 조건이 '물' '온도' '공기'라고 배웠을 것이다. 그러나 잡초뿐만 아니라 야생 식물의 씨앗 대부분은 이 3가지 조건이 갖춰졌다고 해도 쉽게 싹을 틔우지 않는다.

따뜻한 봄에 싹을 틔우고, 여름에 성장해, 가을에 씨를 남겨 시

드는 식물이 있다고 해 보자. 이 식물의 씨앗은 가을에 흙 위에 떨어진다. 만약, 음력 시월의 따뜻한 날씨에 '물' '온도' '공기'의 조건이 갖춰지면 어떨까? 이 식물의 씨앗은 가을에 싹을 틔울 것이다. 그리고 겨울의 추위로 시들어 버릴 것이다.

인간이 씨앗을 뿌리는 재배 식물과 달리 야생 식물은 스스로 싹을 틔우는 시기를 정해야만 한다. 그래서 발아의 조건이 더욱 복잡하고 까다롭다.

씨앗의 치밀한 전략

발아에 필요한 조건이 갖춰져도 씨앗이 싹을 틔우지 않는 상태를 '휴면休眠'이라고 한다. 휴면은 '휴식한다, 잠든다'라는 뜻이다. 휴면 계정, 휴면 계좌처럼 인간 세계에서 휴면이라는 말은 좋은 뜻으로만 쓰이지 않지만, 식물에 있어 휴면은 매우 중요한 전략이다.

봄에 싹을 틔우는 식물 대부분은 겨울의 추위를 경험한 다음, 휴면에서 눈뜨는 구조다. 겨울 이후에 찾아오는 따뜻함이 진짜 봄이라는 사실을 아는 것이다.

그러나 싹을 틔우지 않는 느긋한 씨앗도 있다. 야생 식물은 어떤 조건이 갖추어져도 한꺼번에 싹을 틔우지 않는다. 휴면에서 각성하는 정도는 씨앗에 따라 다르며, 그 정도에 따라 싹을 틔우거나 틔우지 않는다. 자연계에서는 무슨 일이 일어날지 알 수 없다. 만약, 일제히 싹을 틔웠는데 갑자기 재해가 일어난다면? 이 식물 집단은 지구상에서 전멸하고 말 것이다. 이러한 이유로 싹을 빨리 또는 천천히 틔운다. 싹을 틔우지 않고 지면 아래 계속 잠자는 씨앗이 있어 위급 상황에서 개체가 살아남을 수 있는 시스템이다.

땅속에서 기회를 잡는 잡초

이렇게 흙 속에는 싹을 틔우지 않고 휴면 중인 씨앗이 많다. 이러한 땅속의 씨앗 집단을 씨앗의 은행, 즉 '종자 은행Seed Bank'이라고 부른다. 야생 식물은 만에 하나를 대비해 땅속에 씨앗을 비축해 둔다. 그리고 종자 은행에서 차례로 씨앗을 싹 틔운다.

대부분의 잡초 씨앗에는 빛을 받으면 싹을 틔우는 '광발아성'이라는 성질이 있다. 땅속에 빛이 닿는다는 것은 제초 등으로 주변 식물이 없어지는 것을 의미한다. 이때 땅속 잡초의 씨앗은 지금이 기회라는 듯 싹을 틔운다. 깨끗하게 제초를 해도 눈 깜짝할 사이에 잡초가 싹을 틔워 오히려 잡초가 늘어나는 것은 이 때문이다.

대나무는
나무일까, 풀일까

과일과 채소를 구분하는 법

토마토는 채소일까, 과일일까? 이것은 단순한 문제가 아니다. 과거, 미국에서는 토마토가 채소냐 과일이냐는 논쟁으로 재판까지 이뤄졌다고 한다. 재판에서 '토마토는 씨앗을 품은 식물의 일종이라는 식물학 사전의 내용으로 미루어 볼 때 식물학적으로는 과일이지만, 채소밭에서 자라 다른 채소와 마찬가지로 수프에 넣기도 하니 법적으로는 채소다.'라는 판결이 내려졌다고 한다.

'채소'와 '과일'이라는 것은 식물학적인 구분이 아니다. 인간이 구분하기 편하게 내린 결정일 뿐이다. 채소와 과일의 정의는 국가에 따라서도 다르다. 예를 들면, 일본에서는 줄기가 초본(지상부가 연하고 물기가 많아 목질을 이루지 않는 식물-옮긴이)의 습성을 지닌 것을 '초본성 채소', 줄기 및 뿌리가 커져서 많은 목부를 형성하여 세포벽이 목화되어 단단한 식물을 '목본성 과일'이라고 구분한다. 쉽게 말해, 나무가 되지 않는 것이 채소이고 나무에 열매를 맺는 것을 과일로 취급한다. 토마토는 초본성 식물이다. 따라서 일본에서는 토마토를 채소로 분류한다.

그렇다면 멜론이나 수박은 어떨까? 멜론이나 수박은 초목성 식물로 채소다. 멜론은 과일의 왕이라고 불리지만, 정의상으로는 채소다. 다만, 멜론이나 수박은 대부분 과일 가게에서 취급되므로 '과실 채소'라고 부르는 경우도 있다.

그렇다면 바나나는? 바나나는 당연히 과일 아냐? 우리가 아는 나무에서 자라는 바나나는 나무의 과실이라고 생각할 것이다. 그러나 실제로 바나나 나무는 거대한 풀이다. 바나나는 지면에서 커다란 잎이 자라나 나무와 같은 모습을 띠고 있을 뿐이다. 그렇다면 바나나는 채소인 걸까? 우리나라는 다년생이면 과일, 일년생이면 채소로 구분하고 있다. 다시 말해, 한번 열매를 맺은 다음 겨울에 죽지 않고 다음 해에 또 열매를 맺으면 과일, 그렇지 않으면 채소로 정의한다. 또한 나무에서 열리면 과일, 그렇지 않으면 채소로 구분한다. 바나나는 다년생으로 나무가 아닌 풀에서 나기 때문에 과일이다.

그런데 바나나 나무는 왜 나무가 아니라, 풀로 분류되는 걸까? 나무와 풀은 뭐가 다른 걸까? 나무와 풀은 전혀 다르다고 생각할지도 모르겠으나, 그렇게 간단한 문제가 아니다.

일반적으로는 줄기가 비대해져서 딱딱해지는 것을 나무라고 여긴다. 그리고 나무가 되지 않고 부드러운 줄기가 있는 것을 풀이라고 부른다. 그러나 토마토나 가지는 뿌리 부분을 보면 마치 나무와 같다. 실제로 토마토는 수경 재배 농법이라는 방법으로 따뜻한 온실 속에서 재배하면 거대한 나무가 된다. 가지도 겨울에는 시들지만, 열대 지방에서는 자라서 나무가 된다.

대나무는 어떨까? 대나무는 줄기가 두꺼워지지 않으며, 나무가 되지도 않는다. 그러나 줄기가 딱딱해지고 크게 성장해서 숲을 형성한다. 이러한 특징은 풀이라기보다는 나무에 가깝다. 이러한 이유로 대나무를 나무로 볼지 풀로 볼지는 전문가들 사이에서도 의견이 분분하다.

즉, '나무'와 '풀'도 식물 세계에서는 명확하게 구분되어 있지 않으며, 인간이 구분하기 좋게 생각해 낸 구별법에 지나지 않는다.

명확한 구별이 없는 자연계

원래 자연계에는 명확한 구별이라는 것이 없다. 인간이 이해하기 쉽게 다양한 구별법을 만들어 분류하고 이해할 뿐이다. 식물학에서도 식물을 다양하게 분류하고 있는데, 이는 인간이 이해하기 쉽도록 구분선을 그은 것에 불과하다.

51쪽에서 사과와 장미를 같은 장미과라고 설명했다. 하지만 같은 장미과라도 사과는 목본성이지만, 딸기는 초본성이다. 목본성인 사과는 과일이고, 초본성인 딸기는 채소로 분류된다. 그러나 식물에 있어 나무인가 풀인가는 큰 문제가 아니다. 그저 환경에 적응하도록 진화했을 뿐이다. 식물의 생존 방식은 인간의 생각보다도 훨씬 임기응변에 능하며 자유롭다.

당근과
무의 차이점

당근에 그어진 가로선

무와 당근을 그려본 적이 있는가? 색을 칠하지 않으면 무와 당근은 꽤 비슷해 보인다. 그렇다면 당근에 몇 개의 가로 선을 그려보라. 그러면 제법 당근처럼 보인다. 실제로 당근을 보면 표면에 가로 선이 나 있다. 이것은 가는 뿌리가 자라났던 흔적이다. 이 뿌리의 흔적은 아무렇게나 나 있는 것이 아니다. 뿌리의 흔적을 보면 네 방향으로 나열되어 있음을 알 수 있다.

선이 아니라 점들을 세로로 나열하여 그리면 무처럼 보인다. 무에도 당근과 마찬가지로 뿌리의 흔적이 있는데, 무는 선이 아닌 점으로 나열되어 있다. 참고로 무의 뿌리 흔적은 두 방향으로

◆ 무와 당근

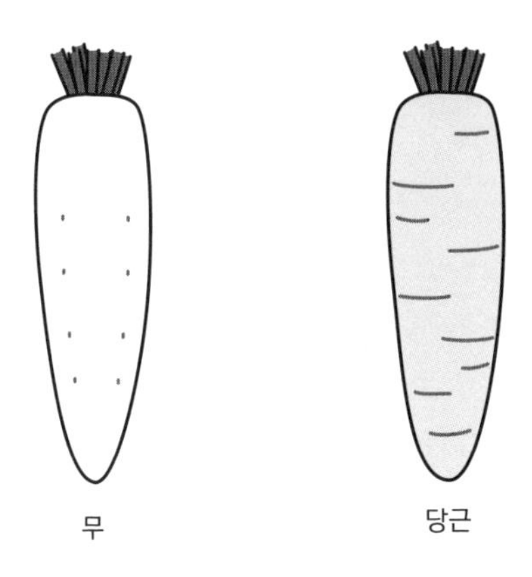

나 있다.

당근의 단면 해부도

당근을 가로로 동그랗게 잘라 단면을 보면 나무의 나이테와 같은 동심원이 있으며, 안쪽의 심 부분과 바깥쪽 부분으로 나뉘어 있다. 이 경계가 바로 '형성층'이다.

형성층의 안쪽 심 부분에는 뿌리로 흡수한 물을 운반하는 물

◆ 당근의 단면

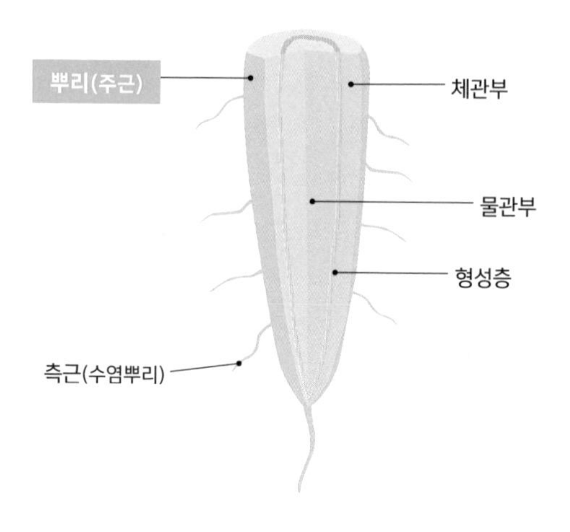

관이 있는데, 이를 '물관부'라고 한다. 그리고 형성층의 바깥쪽 부분이 영양분을 운반하는 체관이 있는 '체관부'다. 이 물관과 체관의 세트를 '관다발'이라고 부른다. 당근에는 관다발이 형성층을 따라 규칙적으로 나열되어 있다.

당근의 가로 선 부분을 세로로 잘라보면 가로 선 부분에서 안쪽으로 뿌리가 뻗어 있으며 물관부와 체관부의 경계에 있는 형성층까지 뿌리가 이어져 있는 것을 알 수 있다. 뿌리로 흡수한 수분은 형성층까지 운반되어 물관부를 지나 지상까지 올라간다.

그러나 무를 가로로 동그랗게 잘라도, 당근처럼 명확한 동심원

◆ 쌍떡잎식물과 외떡잎식물의 관다발

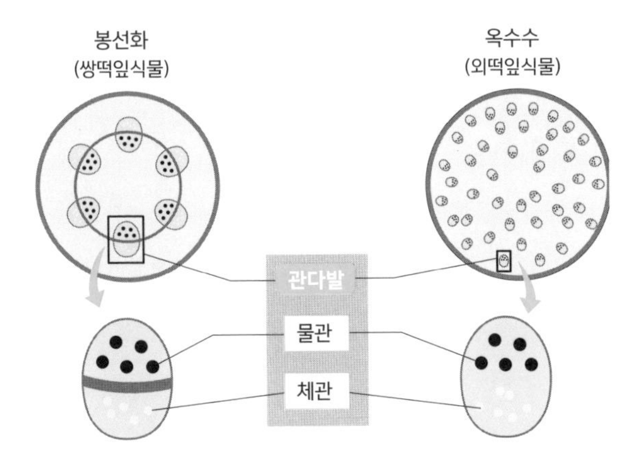

쌍떡잎식물의 관다발은 규칙적으로 나열된다

이 나타나지 않는다. 당근은 주로 형성층 바깥쪽 부분이 비대해 성장하지만, 무는 형성층의 안쪽이 커진다. 따라서 무의 형성층은 껍질과 매우 가까이에 있으며 눈에 띄지 않는다. 이러한 형성층은 쌍떡잎식물의 특징이다.

아스파라거스에 없는 것

외떡잎식물에는 형성층이 없다. 외떡잎식물인 아스파라거스를 동그랗게 잘라 단면을 보면 둥근 알처럼 보이는 것들을 볼 수 있다. 이 동그란 알들의 하나하나가 물관부와 체관부를 포함한 관다발! 외떡잎식물은 관다발이 규칙적으로 나열되지 않고 흩어져 있는 것이 특징이다.

나무가 먼저인가,
풀이 먼저인가

함께 거대해진 식물과 공룡

거대하게 자라는 '나무'와 길가의 잡초 같은 작은 '풀' 중에 어느 쪽이 더 진화했다고 할 수 있을까? 줄기를 만들고 가지와 잎을 무성하게 하는 나무가 훨씬 구조가 복잡하니 더 진화한 형태라고 생각할 수도 있겠지만, 실은 풀 쪽이 더욱 큰 진화를 이루었다.

이끼처럼 작은 식물에서 양치식물이 진화했을 때, 양치식물은 거대한 나무가 되어 숲을 만들었다. 공룡 그림 등을 보면 거대한 식물들이 숲을 형성하고 있다. 그 시대의 식물은 무척 크게 자랐다. 공룡이 번영했던 시대에는 기온도 높고 광합성에 필요한 이산화탄소 농도도 높았기 때문에 식물들이 왕성하게 성장했으며,

거대해질 수 있었다. 그 커다란 나무 위의 잎을 먹기 위해 공룡 또한 거대해졌다. 그랬더니 이번에는 식물도 공룡에게 먹히지 않도록 더욱 커졌다. 물론 공룡도 식물을 따라 더욱더 커졌다. 마치 35쪽에서 소개한 공진화와 같다.

그 후 식물은 양치식물 → 겉씨식물 → 속씨식물로 진화해 나가면서 거대한 숲을 형성했다.

지구 최초의 풀

초목성 식물인 풀은 공룡 시대의 끝 무렵인 백악기 후기에 탄생했다고 알려져 있다. 이 무렵, 지구상에 하나밖에 없던 대륙은 맨틀 대류로 분열하여 이동하기 시작했다. 그리고 분열된 대륙끼리 충돌하여 뒤틀림이 생겨나 산맥이 만들어졌다. 이렇게 지각 변동이 일어났고, 기후도 변화했다.

환경이 불안정해지면 식물은 천천히 큰 나무가 될 만한 여유가 없었다. 그래서 짧은 기간에 성장하여 꽃을 피우고 씨앗을 남겨 세대를 갱신하는 '풀'이 발달하게 되었다.

풀로 극적인 진화를 이룬 것이 현재의 '외떡잎식물'이라고 불리는 식물이다. 그 뒤 쌍떡잎식물 중에도 풀로 진화하는 식물들이 나타났다. 현재 외떡잎식물은 모두 초본이며, 쌍떡잎식물은 목본과 초본이 있다. 실은 외떡잎식물이 어떻게 진화했는지는 명확히 알 수 없다. 그러나 환경의 변화에 적응하기 위해 빠른 성장 속도와 뛰어난 세대 갱신 능력을 갖췄을 거라고 예측된다.

과학 교과서에서는 외떡잎식물과 쌍떡잎식물의 차이가 이름처럼 쌍떡잎식물의 떡잎은 2장인데 반해, 외떡잎식물은 1장이라고 정의한다. 또한 쌍떡잎식물에는 줄기의 단면에 형성층이라는 물관과 체관으로 이뤄진 링 모양이 있지만, 외떡잎식물에는 형성층이 없다는 사실로 구분한다.

성장 속도를 위한 전략

이렇게 살펴보면 단순한 구조인 외떡잎식물이 더욱 오래된 식물이며, 보다 복잡한 구조인 쌍떡잎식물이 진화한 식물이라고 생각할 수 있겠지만 그렇지도 않다.

외떡잎식물의 1장의 떡잎은 원래 2장이었던 것을 붙여서 1장으로 만든 것이다. 형성층 같은 구조는 줄기를 두껍게 만들고 식물체를 크게 만드는 데 필요하지만, 그만큼 성장에 시간이 걸린다. 그래서 속도를 중시하는 외떡잎식물은 형성층을 없애 버렸다. 이 밖에도 외떡잎식물은 평행맥과 수염뿌리라는 특징을 가지고 있다. 쌍떡잎식물은 크게 성장해도 문제가 없을 것처럼 제대로 갈라진 구조로 되어 있지만, 크게 성장하지 않는 초본인 외떡잎식물은 속도를 중시하여 직선 구조인 것이다.

올림픽 육상 선수나 수영 선수가 쓸데없는 군살을 없애고 초경량 유니폼을 입고 몸의 털까지 깎아 가며 시간 단축을 하듯이, 성장 속도에 집중하기 위해 쓸데없는 것을 없애 버린 것이 외떡잎식물이다.

'무다리'가 칭찬이라고?

사실 원래 가늘었던 무

'무다리!'라는 소리를 듣고 기뻐하는 사람은 없을 것이다. 그러나 일본의 헤이안 시대에는 '무다리'가 아름다운 다리를 뜻하는 칭찬의 표현이었다. 당시의 무는 현재처럼 두껍지 않아서 무다리는 가늘고 하얀 다리를 의미했다. 더욱 시대를 거슬러 올라가 보면, 《고사기》에서 '무처럼 하얀 팔'이라는 표현을 발견할 수 있다. 무는 원래 가늘었던 걸까?

그러나 이후, 무의 개량이 진행되어 크고 뚱뚱한 무가 만들어지게 되었다. 무다리가 현재처럼 두꺼운 다리를 나타내는 말이 된 것은 훨씬 이후라고 알려져 있다. 그리고 수십 킬로그램이나 되는 세계에서 제일 큰 무인 '사쿠라지마다이콘'이나, 길이가 1미터가 넘는 세계에서 제일 긴 무인 '모리구치다이콘'도 일본에서 개량되었다.

무는 지중해 연안과 중앙아시아가 원산지라고 알려져 있다. 실은, 씨를 받기 위해 살포하는 무의 원종은 대부분 뿌리가 두껍지 않다. 그러고 보니 유럽의 옛날이야기 속에서 '으라차차' 하고 외치며 뽑아냈던 건 무가 아니라 '커다란 순무'였다.

뚱뚱하지 않은 무에서 둥근 무가 개량된 것처럼 인류는 야생 식물을 거듭 개량해 재배 식물을 만들어 냈다. 우리가 현재 이용하고 있는 작물, 채소, 과일, 꽃 모두 인간의 손으로 만들어 낸 것이다. 이러한 개량은 어떻게 이뤄진 걸까?

자연 도태에 관한 생각

야생 식물은 다양한 성격의 자손을 남기려고 한다. 성질이 다양해야 환경이 변화해도 살아남을 수 있기 때문이다.

빨리 싹을 틔우거나 천천히 틔우거나, 세로로 성장하거나 옆으로 성장하거나, 빨리 피거나 늦게 피거나, 추위에 강하거나 더위에 강하거나, 바이러스와 같은 병원균에 강하거나, 건조한 환경에 강하거나, 습한 환경에 강하거나…. 다양성이 풍부한 편이 자연계에서는 유리하다.

환경이 변화하여 추위에 강한 것만이 생존하면 추위에 강한 자손을 만들게 된다. 추위에 강한 것도 다양한 종류의 자손을 남긴다. 추위에 더욱 강한 것부터 추위에 약하고 더위에 강한 자손까지 다양한 자손을 만든다. 만약 추운 환경이 계속되면 그중에서도 더욱 추위에 강한 것만이 살아남아, 점점 추위에 강해지게 된다. 이처럼 '추위에 강한 것만이 생존한다'라는 선택압(개체군 중에서 환경에 가장 적합한 개체가 살아남는 현상-감수자)이 생기면 그에 적합한 능력이 발달하게 된다. 조건에 적합한 것이 살아남고, 맞지 않는 것이 제거되는 것을 '자연 도태'라고 한다. 이것은 자연계의 이야기다. 그렇다면 인간이 재배하는 작물은 어떨까?

인간의 취향에 맞춘 선택

무도 식물이기에 다양한 자손을 남기려고 한다. 큰 무나 작은 무, 긴 무나 짧은 무 등 다양한 특징을 가진 무들을 만든다.

큰 무를 원하는 사람은 큰 무를 선별하여 씨앗을 뿌린다. 그리고 다음 해에 그중에서 큰 무를 선별한다. 이렇게 하여 어떤 기준을 두고 선택해 나가면 점점 더 커다란 무가 생산된다. 이것은 강한 추위 환경 속에서 추위에 강한 식물이 선택되는 것과 마찬가지다. 그래서 이처럼 인간의 취향에 따라 도태되어 가는 것을 '인위적 도태'라고 부른다.

식물은 다양성이 있는 여러 자손을 남기려고 하지만, 인간이 재배하는 데 있어 식물의 풍부한 다양성은 그다지 큰 이익이 되지 않는다. 큰 무의 씨앗을 뿌렸는데, 작은 무나 기다란 무가 자라면 불편하고, 같은 날 씨를 뿌렸지만 빨리 싹이 나거나 늦게 싹이 나면 한 번에 수확할 수 없다. 야생 식물에 다양성이 중요하다면, 재배 식물은 균일성이 필요하다.

따라서 원하는 식물체를 얻을 수 있다고 해도 더욱 도태를 반복하여 일정한 특성을 갖추게 만든다. 이것을 '고정'이라고 한다. 이러한 '선발'과 '고정'으로 재배 식물의 품종이 만들어진다.

식물이 움직이지 않는 이유

왠지 독특한 식물의 삶

식물은 인간처럼 돌아다니거나, 뛰어다닐 수 없다. 어째서 식물은 움직이지 않는 걸까? 만약 식물에 묻는다면, 분명 이렇게 대답할 것이다. "어째서 인간은 그렇게 움직이면서 사는 걸까?" 동물은 움직이지 않으면 살아갈 수 없다. 먹을거리를 찾고 음식을 먹지 않으면 살아갈 수 없다. 식물은 그럴 필요가 없다. 그래서 움직일 필요가 없다.

우리는 인간의 기준으로 다른 생물을 본다. 그러나 인간의 삶만이 당연한 것은 아니다. 다른 생물의 입장에서 보면 인간이 훨씬 이상해 보일지도 모른다.

식물의 삶은 매우 독특하다. 식물은 어떻게 동물처럼 음식을 찾아 움직이거나, 먹지 않아도 되는 걸까? 그 이유는 '광합성'이다. 식물은 태양의 빛 에너지를 이용해 물과 이산화탄소를 통해 살아가는 데 필요한 당분을 만든다. 이것이 광합성이다. 즉, 식물은 광합성을 할 수 있기에 움직일 필요가 없는 것이다. 또한 토양의 영양분을 흡수하여 살아가는 데 필요한 모든 물질을 만들 수 있다.

그래서 식물을 '독립 영양 생물'이라고 한다. 한편, 동물은 스스로 영양분을 만들어 낼 수 없다. 식물을 먹거나 식물을 먹은 다른 생물을 먹이로 삼아야 살아갈 수 있다. 그래서 동물을 '종속 영양 생물'이라고 한다.

식물과 동물의 기본적인 삶의 방식에는 큰 차이가 없다. 지구에 생명이 탄생한 38억 년 전에는 동물과 식물 간 차이가 없었다. 식물과 동물은 같은 조상으로부터 진화를 이루었다.

동물에게는 없는 엽록체

식물은 세포 속에 광합성을 하는 엽록체가 있으나, 동물에게 없다는 점이 식물과 동물의 큰 차이이다. 그렇다면 식물과 동물을

◆ 엽록체는 독립된 생물이었을까

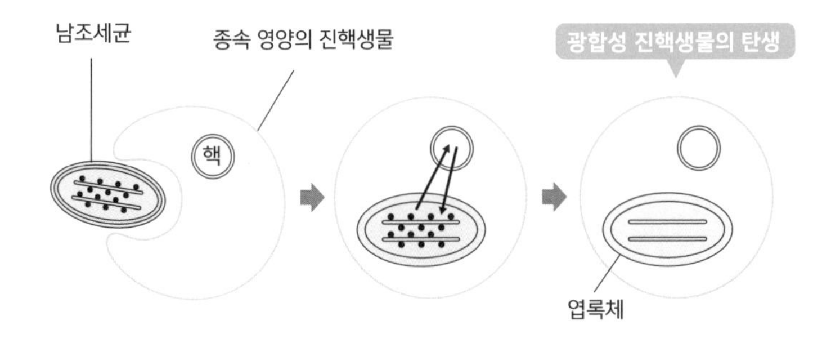

진핵생물이 남조세균을 포함해 공생 관계가 된다

크게 분류하는 엽록체는 어떻게 만들어질까?

엽록체는 신기한 점이 있다. DNA는 세포의 핵 속에 있다. 그러나 엽록체는 핵과는 별도로 DNA를 가지고 있으며, 스스로 증가할 수 있다. 아주 옛날에는 엽록체가 독립된 단세포 생물이 아니었을까 하는 주장이 제기되고 있다. 이 독립된 단세포 생물인 엽록체가 더욱 큰 단세포 생물 안에 들어가 세포 속에 공생하게 된 것이 아닐까 짐작하는 것이다.

이것이 바로 현재 추측되는 '세포 내 공생설'이다. 이렇게 커다란 단세포 생물과 광합성을 하는 단세포 생물의 만남을 통해 식물의 조상이 태어났다.

식물은
어째서 녹색일까

당분을 만드는 광합성

식물은 왜 녹색일까? 식물의 잎 속에는 엽록체가 있다. 이 엽록체에는 녹색 색소가 많다. 이 색소로 잎 전체가 녹색으로 보이는 것이다. 엽록체 속의 녹색 색소는 엽록소라고 한다.

엽록소는 영어로 클로로필chlorophyll이라고 한다. 클로로필은 녹색을 뜻하는 그리스어 '크로로스'와, 잎을 뜻하는 '필론'의 합성어다. 이 엽록소는 식물에 있어 중요한 역할을 한다. 식물은 물과 이산화탄소를 원료로, 살아가는 데 필요한 당분을 만드는 광합성을 한다. 이 광합성을 하는 것이 엽록소다.

엽록체와 엽록소, 어쩐지 헷갈린다. 엽록소는 엽록체 속에 있는 색소, 즉 엽록체가 광합성을 하는 공장이라면, 엽록소는 실제로 광합성을 하는 일종의 장치라고 생각하면 된다. 그렇다면 엽록소는 어째서 녹색을 띠는 걸까?

식물이 반사하는 녹색 빛

햇빛은 다양한 색으로 이루어져 있다. 엽록소는 광합성을 하기 위해 주로 파장이 짧은 파란색과 파장이 긴 빨간색, 노란색 빛을 이용한다. 따라서 이러한 색의 빛은 엽록소에 흡수된다. 그리고 녹색 빛은 광합성에 그다지 이용되지 않기 때문에 흡수되지 않고 반사된다.

우리의 눈에는 빨간빛이 빨갛게 보인다. 예를 들어, 빨강 이외의 빛을 흡수하고 빨간빛을 반사하면 우리 눈에는 빨간색이 들어온다. 그래서 빨간색을 반사하는 물질은 우리의 눈에 빨갛게 보이는 것이다. 엽록소는 파란색과 빨간색, 노란색 빛을 흡수하며 녹색은 반사해서 우리의 눈에 녹색으로 보인다.

붉은 차조기와 보라색 양배추 잎처럼 녹색이 아닌 잎도 있지만, 그들은 엽록소뿐만 아니라 다른 색소도 가지고 있어서 녹색이 감춰진 상태다.

그러나 녹색이 아닌 식물도 있다. 해조 샐러드에 들어 있는 해조 중에는 선명한 빨간색을 띠는 것들이 있다. 이러한 해조류에는 엽록소가 없다. 얕은 바다에서 자라는 해조류는 육상 식물처럼 빨간색과 파란색의 빛을 이용하여 광합성을 하며, 녹색 빛은 사용하지 않는다. 그래서 해조류가 녹색으로 보이는 것이다. 이러한 해조류는 '녹조류'라고도 불린다. 그러나 바닷속으로 깊이 들어가면 바닷물이 붉은색의 빛을 흡수해 버린다. 도미나 새우처럼 깊은 바다에 사는 생물은 선명한 붉은색을 띤다. 깊은 바닷속에는 붉은빛이 닿지 않기 때문에 붉은색이 보이지 않게 된다. 따라서 붉은색은 몸을 숨기기에 가장 적합한 색이다.

바다의 해조류는 광합성에 붉은빛을 사용할 수 없어서 주로 파란색을 흡수하는 광합성 색소를 가지고 있다. 그리고 광합성에 이용하지 않는 빨간색과 녹색의 빛을 반사한다. 이것을 우리가 육상에서 보면 빨간색과 녹색이 섞인 갈색처럼 보인다. 이러한 해조류는 '갈조류'라고 불린다.

또한 수면에 식물 플랑크톤이 있으면 남겨진 파란색의 빛마저 흡수되어 버린다. 그러면 해조류는 어쩔 수 없이 광합성에 적합하지 않은 녹색을 흡수하는 광합성 색소로 광합성을 한다. 그리고 녹색 빛을 이용하여 빨간색을 반사한다. 이 해조류는 우리가 육상에서 보면 선명한 빨간색으로 보인다. 따라서 이 해조류는 '홍조류'라고 불린다.

육상 식물은 땅이 융기하고 바싹 말라 가는 얕은 물에 있는 녹조류가 서서히 땅에 적응하면서 진화한 것으로 생각할 수 있다. 그래서 우리가 볼 수 있는 식물 대부분이 녹색을 띠는 것이다.

식물도 혈액형이 있을까

식물의 피 같은 물질

우리 인간과 동물뿐만 아니라, 식물도 피가 있을까? 모두 알다시피 식물의 단면을 잘라 봐도 우리처럼 피가 뚝뚝 떨어지지 않는다. 식물은 피가 없다. 그러나 식물이 지닌 클로로필(엽록소)은 우리 혈액의 적혈구에 들어 있는 헤모글로빈과 비슷하다. 클로로필과 헤모글로빈의 기본적인 구조가 동일하다! 단지 클로로필은 분자 구조의 중앙이 마그네슘으로 채워져 있지만, 헤모글로빈은 철로 채워져 있다는 차이점이 있다(피가 붉은 이유는 헤모글로빈 속의 철이 산화되기 때문이다-감수자).

엽록소와 헤모글로빈이 매우 비슷한 구조인 것은 그저 우연이다. 식물과 동물은 모습이나 형태가 크게 다르지만, 기본적으로 생존 방식은 다르지 않다. 그러니 식물과 동물이 비슷한 물질이라도 신기한 일은 아니다.

인간에게는 혈액형이 있는데, 식물 중에도 혈액형 검사를 하면 인간의 혈액과 똑같은 반응을 하는 물질을 가진 식물이 있다고 알려져 있다. 인간의 혈액형은 혈액 속의 당단백질의 종류에 따라 정해진다. 그리고 식물의 10퍼센트 정도는 인간과 비슷한 당단백질을 갖고 있다. 식물로 혈액 검사를 하면 O형과 AB형이 많다고 한다. 무나 양배추는 O형, 메밀은 AB형인 식이다.

척박해도 잘 자라는 콩과 식물

콩과豆科의 식물은 사람의 혈액 속 헤모글로빈과 매우 비슷한 '레그헤모글로빈leghemoglobin'이라는 물질이 있다.

콩과 식물의 뿌리를 파 보면 작고 둥근 혹 같이 생긴 뿌리혹이 많은 것을 확인할 수 있다. 뿌리혹 속에는 뿌리혹 세균이라는 박테리아가 살고 있다. 콩과 식물은 이 뿌리혹 세균의 힘을 빌려 공기 중의 질소를 흡수할 수 있어서 질소가 적은 척박한 땅에서도 잘 자란다.

◆ 클로로필과 헤모글로빈은 매우 비슷하다

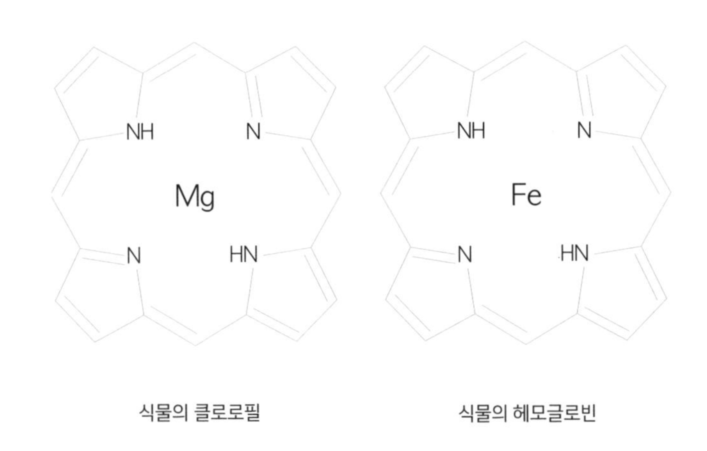

식물의 클로로필　　　　식물의 헤모글로빈

콩과 식물은 뿌리혹 세균에 거처와 영양분을 제공한다. 대신에, 뿌리혹 세균은 공기 중의 질소 성분을 식물에 고정적으로 공급한다. 이처럼 콩과 식물과 뿌리혹 세균도 서로 돕는 '공생'이다.

산소를 없애는 전략

그러나 콩과 식물과 근립균이 공생하는 데 문제가 발생한다. 뿌리혹 세균이 공기 중의 질소를 고정적으로 흡수하려면 많은 에

◆ 콩과 식물의 근립

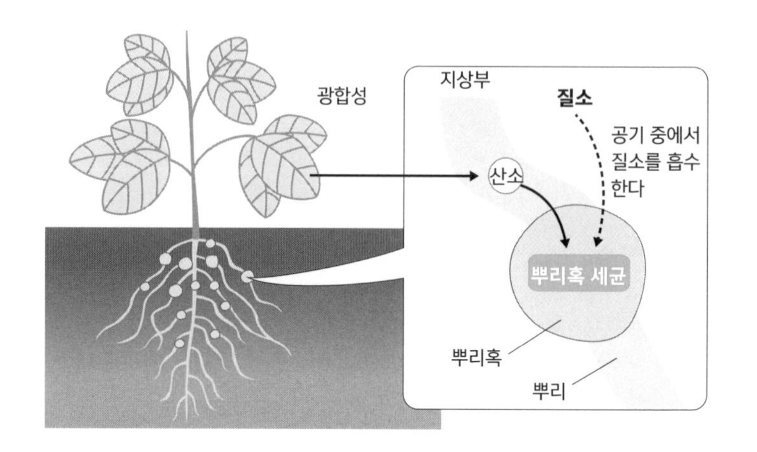

공기 중의 질소를 고정하는 콩과 식물의 근립

너지가 필요하다. 그 에너지를 만들기 위해 뿌리혹 세균은 산소 호흡을 한다. 즉, 산소가 필요하다. 하지만 질소를 고정적으로 흡수하는 데 필요한 효소는 산소가 있으면 활성화되지 않는다.

산소가 필요하지만, 산소가 있으면 질소를 고정적으로 흡수할 수 없다는 뜻이다! 그러므로 콩과 식물은 뿌리혹 세균을 위해 산소를 운반하면서, 여분의 산소를 신속하게 없애야 한다. 이 문제를 해결하기 위해 콩과 식물은 산소를 효율적으로 운반하는 레그헤모글로빈을 이용한다.

인간의 혈액 속에 있는 적혈구는 헤모글로빈을 갖고 있으며, 폐에서 몸속으로 효율 높게 산소를 운반한다. 그리고 콩과 식물이 가진 이 레그헤모글로빈도 산소를 효율적으로 운반한다. 콩과 식물의 신선한 뿌리혹을 자르면 피가 번진 것처럼 빨갛게 물든다. 이것이 콩과 식물의 혈액인 레그헤모글로빈의 흔적이다.

일제히 피고 지는
벚꽃의 뒷이야기

산벚나무와 왕벚나무

일본 럭비 대표팀의 유니폼은 '벚꽃 운동복'이다. 이 벚꽃은 우리에게 익숙한 벚꽃과는 조금 다른 점이 있다.

만개한 벚꽃을 보면 잎이 나오기 전에 꽃이 피어 있다. 그리고 꽃이 다 피고 난 후 잎이 난다. 그런데 벚꽃 운동복을 보면 꽃이 피어 있는 나뭇가지에 잎이 나와 있다. 이와 비슷한 벚꽃은 화투에서도 볼 수 있다. 화투장의 벚꽃에는 흐드러지게 피어 있는 벚꽃의 이곳저곳에 나뭇잎이 그려져 있다.

잎이 나오고 나서 꽃이 피는 것은 산벚나무의 특징이다. 이에 반해, 우리가 보통 꽃놀이에서 보는 벚꽃은 왕벚나무다. 왕벚나

◆ 산벚나무

무는 잎보다 꽃이 먼저 만발한다. 하늘을 가득 메우듯이 꽃을 풍성하게 피우는 왕벚나무는 곧 사람들에게 인기를 얻어 전국에 심게 되었다.

벚나무가 성장하기까지 시간이 꽤 걸릴 텐데, 어떻게 단기간에 이렇게까지 개체 수가 늘어날 수 있던 걸까? 사실, 왕벚나무는 가지를 떼어 접목하거나 꺾꽂이하여 개체를 늘린다. 이렇게 하면 씨앗으로 개체를 늘리는 것보다 훨씬 빠르게 묘목을 키울 수 있다. 게다가 씨앗으로 개체 수를 늘리면 부모가 되는 벚꽃과는 다른 특징을 가진 자손이 생겨난다. 가지로 만들어진 묘목은 부모 벚꽃의 분신으로, 부모와 똑같은 특징을 가진다.

벚꽃이 한꺼번에 피는 이유

이처럼 원래 개체의 체세포를 증식, 분화시켜 완전한 식물체를 만드는 것을 '클론'이라고 한다. 인간의 클론은 SF 영화 속에나 있지만, 식물은 쉽게 클론을 만들 수 있다.

식물의 증식 방법에는 씨앗으로 증식하는 종자 번식과 나뭇가지와 줄기 등으로 증식하는 영양 번식이 있다. 재배 식물은 영양 번식을 하면 원래의 개체와 같은 성질을 지닌 개체를 늘릴 수 있어서 편리하다. 따라서 고구마나 감자, 딸기, 국화 등의 영양 번식을 할 수 있는 작물은 가능한 한 영양 번식으로 늘리는 편이다.

원래 자생하는 벚나무는 나무에 따라 꽃이 피는 시기가 제각각이어서 오랫동안 꽃을 즐길 수 있다. 하지만 왕벚나무는 모든 나무가 한 그루의 나무로부터 증식된 클론이므로 같은 시기에 꽃이 핀다. 그래서 일제히 피었다가, 일제히 지는 것이다.

벚꽃의 개화 시기를 예측해서 표기한 지도를 보면, 기온에 따라 남쪽부터 순서대로 벚꽃이 피는 것을 알 수 있다. 이것도 전국의 벚꽃 나무가 같은 성질을 가진 클론이기에 가능한 일이다.

우리가 모르는 씨앗의 비밀

벼와 쌀에 대한 단상

벼를 실제로 본 적이 있는가? 논에서 재배되는 작물 말이다. 그렇다면, 혹시 벼의 씨앗을 본 적은? 우리가 평소 먹는 '쌀'은 벼의 씨앗이다. 우리는 벼의 씨앗을 먹고, 에너지를 얻는다. 하지만 우리가 먹는 쌀은 벼의 씨앗, 그 자체는 아니다. 실제로 땅에 쌀을 뿌려도 싹은 나오지 않는다.

갓 수확한 벼의 씨앗은 딱딱한 껍질이 보호하고 있다. 이 껍질을 제거하여 안의 씨앗을 꺼낸 것이 '현미'다. 건강식품으로 인기 있는 현미는 시판 현미를 사서 얕은 물을 담은 접시에 담가 두어도 싹이 나온다. 현미는 벼의 씨앗이기 때문이다. 현미는 '배아'

◆ 쌀의 배아와 배젖

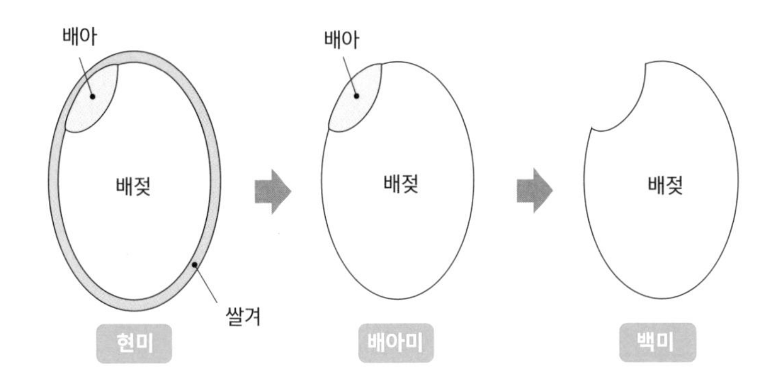

현미에서 쌀겨층과 배아를 제거하면 백미가 된다

라는 식물의 싹이 되는 부분과 '배젖'이라는, 배가 성장하는 데 영양분이 되는 부분으로 나뉜다. 배가 식물의 싹이 되는 아기이며, 배젖은 글자 그대로 아기에게 필요한 우유라는 뜻일까?

현미 주위에는 '쌀겨'가 붙어 있다. 이 쌀겨 부분을 깎아 낸 뒤 배아 부분을 볼 수 있다. 이 배아가 남아 있는 것을 '배아미'라고 한다. 그리고 여기서 더 깎아서 배아 부분도 제거하고 배젖 부분만을 남긴 것이 우리의 밥상에 오르는 백미다. 우리는 벼의 배젖을 먹고 있다.

백미는 싹이 되는 배아가 없고, 배젖 부분만 있기 때문에 싹은 나오지 않는다. 벼의 배젖 성분은 주로 탄수화물로 구성되어 있다. 씨앗은 배젖에 저장된 탄수화물을 산소 호흡으로 분해하고 발아하기 위한 에너지를 만든다. 마치 우리가 밥을 먹고 얻은 몸 속의 탄수화물을 산소 호흡으로 분해하여 에너지 물질을 만드는 것과 같다.

대두의 씨앗에는 없는 것

백미 외에도 우리는 많은 식물의 씨앗을 먹고 산다. 콩도 식물의 씨앗이다. 대두를 예로 들자. 슈퍼마켓에서 건조한 대두를 사서 물을 넣은 접시에 담가 두면 싹이 나온다. 그러나 대두의 씨앗은 벼의 씨앗에는 없는 시스템이 있다.

벼의 씨앗은 식물이 되는 배아와 싹을 틔우기 위한 영양분이 되는 배젖으로 이루어져 있다. 하지만 대두의 씨앗에는 배젖이 없다. 배젖도 없는데, 어떻게 대두의 씨앗은 싹을 틔우고 영양분을 얻는 걸까? 대두가 발아하는 모습을 보면 콩 속에서 씨앗과 같은 크기의 두툼한 커다란 쌍떡잎이 자란다. 사실 대두는 이 쌍떡잎 속에 영양분을 비축하고 있다. 영양분인 배젖의 공간을 확보하려고 하면 싹이 되는 배가 작아져 버린다. 그래서 대두의 씨

◆ 콩의 발아

대두는 떡잎 속에 영양분을 축적한다

앗은 잎에 영양분을 축적하여 싹을 크게 만드는 데 성공했다. 이것은 동체의 수송 공간을 조금이라도 넓히기 위해 비행기가 연료 탱크를 날개 안에 내장하는 것과 비슷하다고 할 수 있다.

작은 싹이 살아남는 일은 쉽지 않다. 그러므로 조금이라도 싹을 크게 만들어 그만큼 살아남을 가능성을 높인다.

콩과의 식물은 배젖이 없는 '무배유종자(무배젖종자)'라고 불리는 씨앗을 만든다. 콩과와 마찬가지로, 오이와 호박 등 박과의 씨앗도 무배유종자다.

땅속에 자리한 팥 떡잎

그러면 팥은 어떨까? 팥은 팥콩이라는 식물의 씨앗. 따라서 슈퍼마켓에서 사 온 건조한 팥콩에서도 싹이 나온다. 팥 씨앗을 땅에 뿌리면 떡잎이 지면 아래에서 올라오지 않는다. 처음으로 고개를 내미는 것은 떡잎(자엽) 이후에 나오는 잎인 본엽本葉이다.

이 때문에 팥의 싹에는 떡잎이 없는 것처럼 보인다. 팥의 떡잎은 땅속에 있으며 지상으로는 나오지 않는다. 콩과 식물에 떡잎은 발아를 위한 에너지 탱크에 지나지 않는다. 그래서 떡잎을 지

◆ 팥의 떡잎은 땅속에 있다

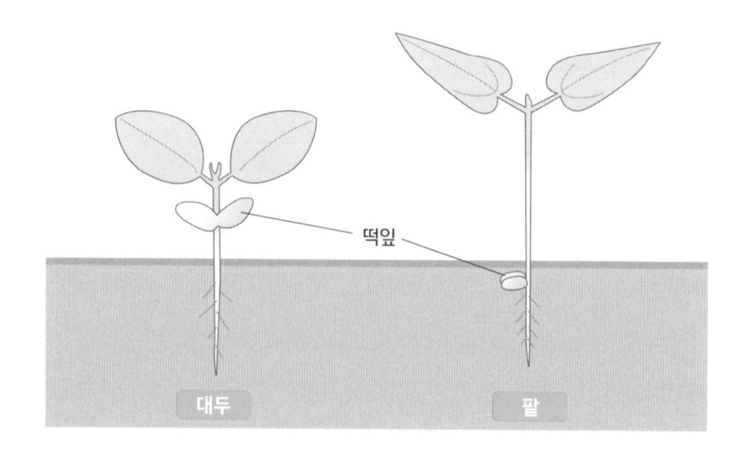

면 위로 내밀지 않고, 지면 아래에 두어도 되는 것이다.

씨앗의 에너지원

벼의 씨앗인 쌀은 탄수화물을 주 에너지원으로 삼는다. 한편, 대두에는 탄수화물 이외에 단백질도 풍부하다. 그래서 대두를 '밭의 고기'라고 부른다. 탄수화물이 주성분인 쌀과 단백질을 함유한 콩을 조합하면 우리는 식사를 통해 균형 잡힌 영양을 취할 수 있다. 된장은 대두로 만든다. 밥과 된장국이라는 식생활의 조합은 벼와 대두라는 각각 다른 에너지원이 있어 가능하다.

대두가 단백질을 포함하고 있는 데에는 이유가 있다. 112쪽에서 소개했듯이, 콩과 식물은 질소 고정으로 공기 중의 질소를 흡수할 수 있어서, 질소 함량이 적은 토양에서도 잘 자란다. 그러나 씨앗에서 싹이 틀 때는 아직 질소 고정을 할 수 없다. 따라서 씨앗 속에 미리 질소 성분인 단백질을 축적해 두는 것이다.

또한 대두에는 지방질도 포함되어 있다. 콩이 식용유의 원료인 것은 이 때문이다. 그 밖에도 식물성 기름의 원료를 보면 옥수수와 해바라기, 유채, 참깨 등이 사용된다. 이러한 식물의 씨앗은 발아 에너지원으로 지방을 많이 함유하고 있다. 지방질은 탄수화물과 비교하면 2배 이상의 에너지를 만들어 낼 수 있다.

옥수수와 해바라기는 일단 싹이 나면, 짧은 기간에 성장한다. 지방질을 사용하여 첫 싹을 크게 키울 수 있기 때문이다. 그렇다면 유채와 참깨는 어떨까? 유채와 참깨는 에너지 효율이 높은 지방질을 포함하고 있어서 씨앗 한 알당 크기를 줄일 수 있다. 씨앗 크기를 줄이면 그만큼 많은 씨앗을 가질 수 있다. 이러한 이유로 유채와 참깨는 씨앗을 많이 만들 수 있다.

식물의 균형 있는 힘 분배

이렇게 생각하면 씨앗에 지방질이 함유된 건 꽤 유리한 일인 것 같다. 그렇다면 어째서 모든 식물이 지방질을 에너지원으로 이용하지 않는 걸까? 에너지를 만들어 내는 지방질을 축적한 씨앗을 만들기 위해서는 그만큼의 에너지가 필요하다. 지방질을 축적하려고 하면, 그만큼 부모 식물에 부담이 갈 수밖에 없다.

탄수화물, 단백질, 지방질에는 각각 장단점이 있다. 식물은 처한 환경에 따라, 탄수화물, 단백질, 지방질이라는 발아의 에너지를 균형 있게 사용한다.

멘델의 유전 법칙

우성과 열성으로 본 유전자

독자 여러분은 아버지와 어머니, 둘 중에 어떤 분을 닮았는가? 눈은 아버지를 닮았지만, 입가는 어머니를 닮았다고 하는 것처럼 둘의 중간이라고 하기보다는 부분적으로 닮은 경우가 많지 않을까? 인간에게는 46개의 염색체가 있다. 이 염색체는 2개가 한 쌍이다. 즉, 23쌍의 염색체에 살아가기 위한 기본 정보가 모두 포함되어 있다.

이 기본적인 염색체 전체를 '게놈Genome'이라고 한다. 게놈은 '유전자gene'와 '모든-ome'을 의미하는 단어를 조합해 만들어진 신조어다. 우리의 염색체가 쌍을 이루고 있는 이유는 아버지와 어머니에게서 각각 하나씩 받았기 때문이다. 우리는 어떤 유전 정보에 작용하는 2개의 유전자를 갖고 있다.

그리고 그중 하나가 작동한다. 혈액형을 예로 들어 보자. 혈액형에는 A형, B형, O형, AB형의 4가지 유형이 있다. 아버지와 어머니 모두에게 O형 유전자를 받았다면, O와 O가 조합되므로 아이도 O형이 된다. 아버지에게서 O형 유전자를 받고 어머니에게서 A형 유전자를 받았다면, A와 O가 되어 자녀는 A형이 된다. A와 O를 모두 가지고 있는 경우에는 A 유전자가 발현하기 때문이다.

이때 나타나는 A형의 유전자를 '우성', 나타나지 않는 O형 유전자를 '열성'이라고 표현한다. A형이 뛰어나다는 것이 아니라, A형이 우선 작동한다는 의미다. 이처럼 2가지 유전자 중 하나가 우선적으로 발현하기 때문에 아버지와 어머니 중 한 명을 닮는 특징을 가진 어린이가 많다.

물론 유전은 단순하지 않다. 키가 크다든가, 운동신경이 좋다는 성질은 하나의 유전자만으로 형태가 결정되지 않는다. 많은 유전자가 관계되어 나타난다.

식물로 이 유전 법칙을 증명해 낸 사람이 바로 그레고어 멘델 Gregor Mendel이다. 멘델의 유전 법칙은 이렇다. 완두콩에는 대대로 둥근 것과 주름진 것이 있다. 둥근 콩의 유전자를 A라고 한다면, 대대로 둥근 콩은 AA라는 유전자를 가지고 있다. 한편, 주름진 콩의 유전자를 a라고 한다면, 대대로 주름진 콩은 aa라는 유전자를 가지고 있다.

둥근 콩인 A와 주름진 콩인 a 중에는 둥근 콩인 A가 우성이다. 이 AA인 완두콩과 aa의 완두콩을 교배(AA×aa)하면 자녀 대에는 반드시 Aa가 나타난다. 이 경우 A가 우성이기 때문에 얻을 수 있는 씨앗은 모두 둥근 콩이 된다. 이를 '우성의 법칙'이라고 한다.

그렇다면, 이 Aa 완두콩을 자가 교배(Aa×Aa)하여 다음 세대 손자의 씨앗을 얻는다고 해 보자. 손자 세대는 Aa 중 하나의 유전자를 계승하므로 손자 대의 조합은 AA, Aa, aa 3종류다. 그리고 AA, Aa, aa가 되는 비율은 1:2:1이다. A의 유전자를 가진 AA와 Aa는 A 성질이 되니 둥근 콩이 되며, A의 유전자를 가지지 않는 aa만이 주름진 콩이 된다. 따라서 손자 대에서는 둥근 콩과 주름진 콩이 3:1의 비율이 된다. 이를 '분리의 법칙'이라고 한다.

우리도 부모님을 닮지 않았으나 조부모님을 닮는 경우가 있는

◆ 멘델의 법칙

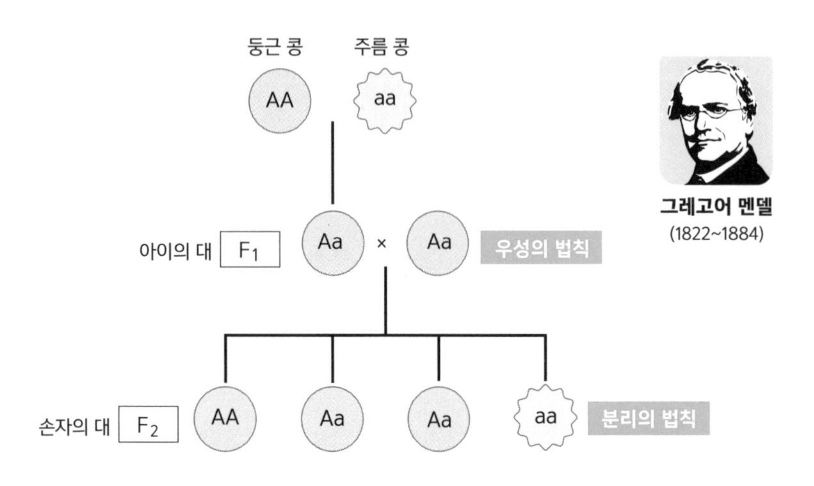

손자대(F2)에는 둥근 콩과 주름진 콩의 비율이 3:1이 된다

데, 완두콩도 손자 세대에 주름진 콩의 성질이 다시 나타날 수 있다고 하니 놀랍다.

멘델은 생물을 좋아하고 생물학자를 꿈꿨지만, 교수가 되기 위한 생물학 시험에서 불합격했다고 한다. 그런 사람이 세기의 대발견을 했으니, 식물학은 참 재미있다.

화려한 옥수수 색깔의 비밀

농업의 발전과 식물의 개량

농업이 발전하면서 인간은 다양한 식물을 개량해 왔다. 야생 식물이 자연에서 살아남는 데 필요한 특성과 인간이 이용하기 쉬운 재배 작물의 성질은 크게 다르다. 그중 하나가 '탈립성'(147쪽 참조)이다. 야생 식물은 생존을 위해 씨앗을 뿌려야만 한다. 그러나 재배 식물은 인간이 씨앗을 수확하니 씨앗이 떨어지지 않는 편이 좋다.

그 밖에도 특징이 있다. 야생 식물은 흩어져 있는 편이 유리하다. 예를 들어, 일제히 싹이 나오면 재해가 일어났을 때 전멸해 버리니 불규칙하게 싹을 틔운다. 그러나 재배 식물은 일제히 싹을 틔우지 않으면 곤란하다. 씨앗을 뿌린 뒤에 일제히 싹이 나오는 편이 좋다. 따라서 재배 식물은 '규칙적인' 방향으로 개량이 진행된다. 야생 식물은 같은 종류라도 특징이 다양하다. 어떤 것은 추위에 강하고 어떤 것은 질병에 강하다. 뿔뿔이 흩어져 다양한 집단을 형성하는 편이 어떤 환경에 처해도 살아남을 가능성이 크기 때문이다. 그러나 재배 식물에 있어 다양한 특징은 좋을 것이 없다. 모처럼 품종을 개량하여 좋은 성질을 선별했는데, 실제로 재배했더니 생육이 제각각이거나 맛에 차이가 있다면 품질 유지가 어렵기 때문이다.

야생 식물은 제각각이며 다양한 집단을 유지하기 위해 '타가 수분'을 한다. 같은 종의 다른 개체와 꽃가루를 교배하여 다양한 성질의 자손을 남기는 것이다. 그러나 재배 식물은 제각각이어선 곤란하다. 따라서 재배 식물은 자신의 꽃가루를 자신의 암술에 묻혀 씨앗을 남기는 '자가 수분'을 하는 경우가 많다. 스스로 혼자 씨앗을 만들면 자신과 닮은 성질의 자손을 남길 가능성이 높다!

재배에 편리한 품종

멘델이 유전 법칙을 발견할 수 있었던 것도 재배 식물인 완두

콩이 자가 수분 식물이기 때문이다. 128쪽에서 소개한 멘델의 법칙에서는 AA와 aa라는 부모를 교배하면 모두 Aa가 되었다. 즉 모든 씨앗의 성질이 갖춰지게 된다. 이것은 작물 재배 시 매우 편리한 점이다.

최근에는 AA와 aa는 조합으로 교배한 씨앗을 재배에 사용할 수 있게 되었다. AA와 aa의 부모가 만든 아이의 세대는 F_1세대라고 하여, 이러한 씨앗을 F_1품종이라고 한다. 그러나 품종이라고 해서 성질이 안정되어 있는 것은 아니다. 일반적인 품종이라면 부모와 같은 성질을 가진 작물을 재배할 수 있다. 그러나 F_1세대는 F_1의 씨앗을 뿌리면 멘델의 '분리의 법칙'으로 제각각이 되어버린다. 따라서 AA와 aa는 부모를 유지하면서, 매년 F_1세대의 종자를 만들어야 한다.

노란색과 흰색 옥수수

옥수수 중에는 노란 옥수수와 흰 옥수수를 교배해, 노란 알갱이와 하얀 알갱이가 섞여 있는 바이컬러라는 품종이 있다. 이 노란 알갱이와 흰색 알갱이의 수는 멘델의 '분리의 법칙'에 따라 3:1로 이루어져 있다. 보통 재배되는 옥수수는 F_1품종이다. 따라서 그다음 세대인 씨앗은 분리의 법칙에 따라 제각각이 되고 만다.

그런데 생각해 보면 이상한 점이 있다. F_1품종의 다음 세대는 씨앗 속에 있는 배를 말한다. 119쪽에서 소개했듯이, 배젖 부분이 식물의 아기이고 그 주위에 있는 씨앗은 배를 보호하고 있는 어머니의 배와 같은 존재다. F_1품종의 다음 세대의 특징은 배가 싹 트면 처음에 알 수 있을 텐데, 어째서 어머니의 배와 같은 씨앗이 노란색과 하얀색으로 제각각이 되어 나타나는 걸까?

옥수수 알갱이의 색깔 변화

'무지개 옥수수'를 알고 있는가? 그 이름대로, 한 알 한 알의 옥수수 알갱이가 형형색색 화려한 무지갯빛을 띠고 있는 옥수수다. 마치 아름다운 보석이나 화려한 사탕을 보는 기분이다. 무지개 옥수수는 정확하게는 '글래스 젬 콘glass gem corn'이라고 한다. 앞서 말한 대로, 노란 옥수수와 흰 옥수수를 교배하면 노란색과 흰색 알갱이의 옥수수가 나온다.

옥수수라고 하면 노란색이라는 이미지가 강하지만, 원래는 노란색과 흰색뿐만 아니라 보라색과 검은색, 녹색, 빨간색, 주황색

◆ 바이컬러 옥수수

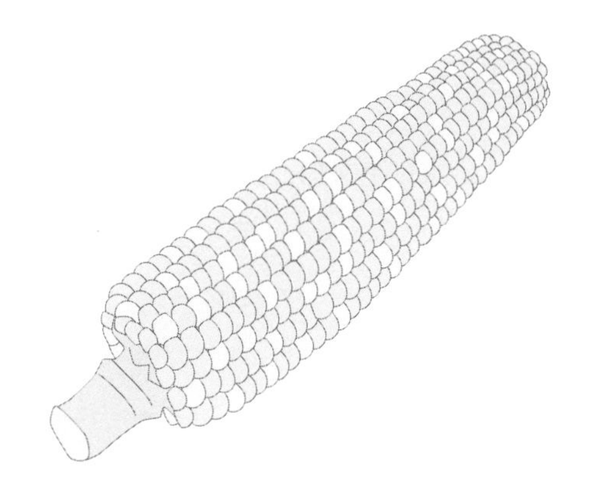

등 다양한 색상이 있다. 무지개 옥수수는 다양한 옥수수를 교배하여 만들어진 것으로 추정한다. 옥수수의 원산지인 마야 문명의 전설 속에서는 신들이 옥수수를 반죽하여 인간을 창조했다고 한다. 그리고 다양한 색상의 옥수수로 만들었기 때문에 다양한 피부색을 가진 인종이 되었다고 전해진다.

옥수수 알갱이의 색은 꽃가루가 교배한 유전으로 결정된다. 그런데 옥수수 알갱이의 색이 변화하는 것은 이상하다. 수정으로 생긴 씨앗 속의 배는 식물의 아기이니, 어머니와 아버지의 유전으로 형질이 정해진다. 이것은 자연스러운 일이다. 그러나 옥수수 알갱이의 색 부분은 배를 감싸고 있는 부분이다. 즉, 인간으로 말하자면 어머니의 배와 같은 것. 알갱이 색상이 유전 법칙으로 변화하는 현상은 아버지의 형질이 어머니의 배에 나타나는 것이다. 종자 속의 배젖에 화분의 우성 형질이 나타나는 이 이상한 현상을 '크세니아xenia'라고 부른다. 크세니아는 왜 일어나는 걸까?

식물의 복잡한 수정

이것은 식물의 복잡한 수정과 관련이 있다. 식물의 암술 끝에 꽃가루가 묻으면 씨앗이 생긴다. 꽃가루가 묻는 것을 '수분'이라고 한다. 그러나 그것만으로는 수정이 되지 않는다. 종의 바탕이 되는 밑씨는 암술의 근원인 씨방 속에 있다. 따라서 암술 끝에서 끝까지 이동해야 한다.

꽃가루가 씨방 끝에 묻으면 마치 씨앗이 발아하는 것처럼 꽃가루도 발아한다. 그리고 '화분관'이라고 불리는 관을 뻗어 암술 속으로 들어간다. 화분관이 밑씨 안에 도달하면 꽃가루 속에 있던 정핵은 화분관 속을 통과해 밑씨로 이동한다.

이상한 것은 이후의 일이다. 인간의 정자는 하나의 핵을 가지고 있고, 난자와 수정한다. 그런데 식물의 꽃가루는 핵을 2개 가지고 있다. 이 중 하나는 정상적인 수정을 하고 아기인 배를 만든다. 그리고 또 다른 정핵은 다른 수정을 하여 아기의 우유에 해당하는 배젖을 만든다. 이처럼 식물이 2번의 수정을 하는 것을 '중복 수정'이라고 한다.

중복 수정은 모든 식물에서 볼 수 있지만, 옥수수는 배젖의 성질이 알갱이의 색깔이라는 알기 쉬운 현상으로 나타나 관찰할 수 있다.

3개의 게놈에 대하여

그렇다면, 왜 배젖 부분이 수정으로 만들어지는 걸까? 식물의 몸은 정핵과 난자로부터 하나씩 게놈(125쪽 참조)을 물려받아, 2개의 게놈이 한 쌍을 이룬다. 이처럼 세로의 핵에 존재하는 유전체에서 염색체가 한 쌍씩 존재하여 2개의 게놈으로 상동 염색체를 가지는 것을 이배체diploid라고 한다. 그러나 배젖은 다르다. 정핵으로부터 받는 게놈은 하나지만, 암컷에게는 2개의 게놈이 있어서 게놈이 3개가 된다. 즉 삼배체triploid가 된다. 게놈이 3개라면, 2개보다 씨앗의 영양분이 되는 배젖을 더 많이 만들 수 있다. 바로 이것이 식물이 복잡한 중복 수정을 하는 이유다.

Part III

단숨에 읽는 식물 이야기

잘 익은 열매 같은 네온사인

식욕을 자극하는 빨간색

허기진 저녁 무렵 집으로 가는 길에 상점가의 간판에 하나둘 붉은색 불이 밝혀지면, 음식점의 간판에 시선을 사로잡힌 경험이 있지 않나? 이건 어쩔 수 없다. 인간은 붉은색을 보면 부교감 신경이 자극되어 식욕이 솟기 때문이다. 그래서인지 햄버거와 피자 등 패스트푸드점의 간판은 빨간색 계열의 색상이다. 중국집이나 분식점의 간판과 가게도 빨간색 일색이다. 잎채소뿐인 샐러드에 빨간색 토마토를 곁들이거나, 전골 등의 국물 요리 위에 붉은 고추를 썰어 올리면 더욱 맛있어 보인다.

그런데 왜 사람은 붉은색을 보면서 맛있다는 연상을 하는 걸

까? 식물의 진화에서 이와 관련한 답을 찾을 수 있다.

'나를 먹어 봐' 새를 유혹하는 식물

대부분의 과학 교과서에는 겉씨식물과 속씨식물을 '씨앗의 기반이 되는 밑씨가 튀어나와 있는지로 구분한다' 정도로 정의한다. 겉씨식물은 밑씨가 튀어나와 있다. 속씨식물은 소중한 밑씨를 보호하기 위해 밑씨 주위를 씨방으로 감싸고 있다. 속씨식물은 스스로 대단한 연구를 거듭하며 진화를 이루었다. 밑씨를 보호하기 위해 만든 씨방을 발달시켜 과일을 만들고, 이를 일부러 동물이 먹게 만든 것이다!

동물과 조류가 식물의 열매를 먹으면 열매와 함께 씨앗도 섭취하게 된다. 그리고 동물과 조류가 이동하면, 씨앗도 자연스레 이동하여 씨앗이 동물과 조류의 소화관을 빠져나가 배설물과 함께 살포된다. 그러나 씨앗이 다 익지 않았을 때 먹어 봤자 의미가 없다. 그래서 식물의 열매는 완전히 익지 않았을 때는 잎과 같은 녹색으로 눈에 띄지 않도록 한다. 또한 단맛이 아닌 쓴맛이 난다. 이렇게 하여 동물이 과실을 먹지 않도록 보호한다.

곧 씨앗이 익으면 열매는 쓴맛이 나는 물질을 제거하고, 당분

◆ 조류에 의한 씨앗의 살포

과일을 먹은 새가 배설물을 배출하여 씨앗이 이동한다

을 축적해 달콤하고 맛이 좋아진다. 그리고 과일의 색을 녹색에서 눈에 띄는 빨간색으로 바꿔 제철이라는 신호를 보낸다. 녹색은 '먹지 말아라', 빨간색은 '먹어라' 이것이 식물들이 씨앗을 운반하기 위한 신호다!

식물의 열매를 먹고 씨앗을 운반하는 것은 주로 조류다. 조류는 식물의 빨간색 신호에 우르르 몰려든다.

빨간색을 식별하는 유일한 포유류

포유류의 동물들은 빨간색을 인지하지 못한다. 공룡이 활보하던 시대, 포유류의 선조는 공룡의 눈을 피해 야행성 생활을 했다. 밤의 어둠 속에서 제일 보기 어려운 색이 빨간색이다. 따라서 야행성 포유동물은 빨간색을 식별하는 능력을 점차 잃어버렸다. 그러나 포유류 중 유일하게 빨간색을 식별하는 능력을 회복한 동물이 있다. 바로 인간의 조상인 원숭이류다.

과일을 먹이로 삼기 위해 잘 익은 과일의 색상을 인식할 수 있게 되었는지, 빨간색을 볼 수 있게 되어 과일을 먹이로 삼기 시작했는지는 알 수 없다. 그러나 우리의 조상은 잘 익은 과일의 색상을 인식하여 먹이로 삼았다. 붉은 불을 밝힌 가게의 간판은 숙성된 과일의 색상이다. 그래서 인간은 그 붉은색 불에 본능적으로 끌린다.

인류의 문명을 이끈
볏과 식물

초원에 펼쳐진 식물 먹이

식물은 다양한 동물의 먹이가 된다. 식물이 보기에 동물에 먹힐 위협에 가장 많이 노출되어 있는 장소는 아마 초원일 것이다.

깊은 숲에는 많은 풀과 나무가 복잡하고 무성하게 나 있어서, 모든 식물이 다 먹히지는 않는다. 그러나 전망 좋은 초원에는 식물이 숨을 장소가 없다. 자라는 식물의 양도 제한되어 있다. 초식동물들은 수가 적은 식물들을 경쟁하듯 먹어 치운다.

그렇다면, 초원의 식물들은 어떻게 자신을 지킬까? 독으로 몸을 보호하는 것도 하나의 방법이다. 하지만 독을 만드는 일에도 영양분을 사용해야 한다. 척박한 초원에서 독성분까지 생산하는 것은 쉬운 일이 아니다. 게다가 독으로 몸을 보호해도, 동물은 그에 대한 대항 수단을 또 발달시킨다.

볏과 식물의 특징

초원에서 먹을 수 있는 식물이며, 눈에 띄는 진화를 이룬 것이 바로 볏과의 식물이다. 볏과 식물의 잎은 유리의 원료도 되는 규소라는 딱딱한 물질을 축적한다. 또한 볏과 식물은 잎에 섬유질이 많아 소화하기 어렵다. 이런 방식으로 동물들이 잎을 쉽게 먹을 수 없게 한다.

볏과 식물은 다른 식물과는 크게 다른 특징이 또 하나 있다. 보통 식물은 줄기 끝에 성장점이 있다. 그리고 새로운 세포를 쌓으면서, 위로 뻗어 간다. 그런데 이 성장 과정에서 다른 동물 등이 줄기 끝을 먹어 버리면, 중요한 성장점이 먹혀 버린다.

볏과 식물은 성장점이 아래에 있다. 거의 땅 근처에 있다. 볏과 식물은 줄기를 뻗지 않고 그루터기에 성장점을 두고 잎을 위로 뻗어 나간다. 이렇게 하면 아무리 동물이 줄기를 먹어도 잎의 끝 부분을 취하는 것이라, 성장점은 안전하게 보호할 수 있다.

그러나 이 성장 방법에는 심각한 문제가 있다. 위로 쌓아가는

◆ 볏과 식물은 성장점이 낮다

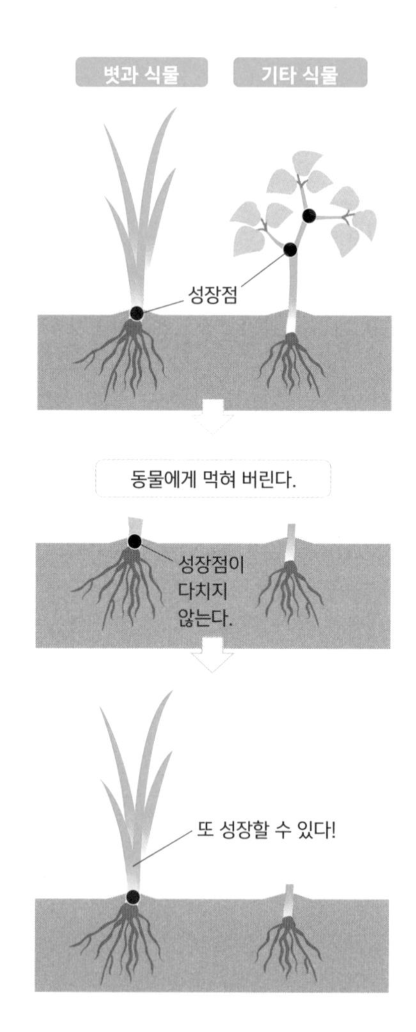

방법이라면 세포 분열을 하면서 자유롭게 가지를 늘려 잎을 무성하게 만들 수 있다. 그러나 만들어 낸 잎을 아래에서 위로 밀어 올리는 방법으로는 이후 잎의 숫자를 늘려가기에 한계가 있다.

그래서 볏과 식물은 그루터기 쪽에서 줄기를 늘리면서 잎을 밀어 올리는 성장점의 수를 더한다. 이것을 새끼치기 또는 분얼分蘖이라고 한다. 이렇게 볏과 식물은 지면 부근에서 잎이 많이 나온 그루터기를 여러 개 만든다.

위가 4개나 있는 소

볏과 식물은 잎 속의 단백질을 최소화해 영양가를 적게 만들어 먹이로서의 매력을 스스로 없앤다. 이렇게 볏과 식물은 잎이 단단하고 소화하기 힘든 데다가 영양분도 적어 동물의 먹이로 적합하지 않게 진화했다.

그러나 이 볏과 식물을 먹지 않으면 초원의 동물들은 살아갈 수 없다. 따라서 초식 동물은 볏과 식물을 소화·흡수하기 위한 다양한 방법을 발달시켰다. 예를 들어, 소의 위는 4개나 된다. 4개의 위 중에서 인간의 위와 같은 작용을 하는 건 네 번째 위뿐이다.

첫 번째 위는 부피가 크고 먹은 풀을 저장하는 용도다. 미생물이 작용하여 풀을 분해하고 영양분을 만드는 발효조의 역할도 한다. 마치 인간이 대두를 발효시켜 영양가 있는 된장을 만들고 쌀을 발효시켜 술을 만드는 것처럼, 소는 위 속에서 영양가 있는 발효 식품을 만든다. 두 번째 위에서는 음식물을 식도로 돌려 보낸다. 소는 위 속의 소화물을 입으로 되돌려 한 번 더 씹는 되새김질이라는 행위를 한다. 소가 먹이를 먹은 후 누워서 입을 우물거리는 것은 이 때문이다. 세 번째 위는 음식의 양을 조절하여 첫 번째 위와 두 번째 위로 돌려 보내거나, 네 번째 위로 보는 일을 한다. 이렇게 볏과 식물을 전처리하여 잎을 부드럽게 만들고, 미생물 발효를 활용하여 영양가를 만든다.

볏과 식물로 영양을 흡수하기 위해서는 대량의 풀을 먹고 4개나 되는 위를 사용해야만 한다. 이렇게 발달한 내장 때문에 소는 용적이 큰 몸을 지니게 되었다.

역사를 바꾼 밀의 속성

인류는 초원에서 진화했다고 알려져 있다. 그러나 단단하고 영양가가 적은 볏과 식물의 잎은 인류의 식량이 되지 못했다. 인류는 불을 사용할 수 있지만, 볏과 식물의 잎은 삶아도 구워도 먹을 수 없었다. 그러나 인류는 볏과 식물을 식량으로 삼는 데 성공했다. 벼와 밀, 옥수수 등 현재 인간이 중요한 식량으로 삼고 있는 곡물은 모두 볏과 식물의 씨앗이다.

재배되는 밀과 야생 밀을 비교했을 때, 인간에게 가장 중요한 특성은 무엇일까? 바로 씨앗이 떨어지지 않는 성질이다. 야생 밀은 자손을 남기기 위해 씨앗을 뿌린다. 그러나 재배되는 밀은 씨앗이 떨어지면 수확을 할 수 없다.

씨앗이 떨어지는 성질을 '탈립성'이라고 한다. 야생 식물은 모두 탈립성이 있다. 그러나 적은 확률로 씨앗이 떨어지지 않는 돌연변이가 생길 수는 있다. 인류는 이 돌연변이를 발견했다! 씨앗이 익어도 땅에 떨어지지 않으면, 자연계에서는 자손을 남길 수 없다. 따라서 씨앗이 떨어지지 않는 특성은 치명적인 결함이다. 하지만 인류에게는 매우 가치 있는 성질이 되었다. 씨앗이 그대로 남아 있으면 수확하여 식량으로 삼을 수 있다. 또한 그 씨앗을 뿌려 키우면 씨앗이 떨어지지 않는 성질의 밀을 늘려 나갈 수 있다.

씨앗이 떨어지지 않는 '비탈립성' 돌연변이의 발견. 이것이 바로 인류 농업의 시작이다. 이는 인류의 역사에서 혁명적인 사건이었다.

볏과 식물의 잎에는 영양분이 없다. 그렇지만 씨앗에는 풍부한 영양분을 축적하고 있으며, 씨앗이라 저장도 가능하다. 이렇게 인류는 볏과 식물을 얻어서 농경을 성장시켰고, 결국 문명을 발달시켰다.

문명의 발달과 식물은 관련이 있다. 문명의 발상지에는 반드시 중요한 재배 식물이 있었다. 이집트 문명과 메소포타미아 문명의 발상지는 밀류의 기원지이고, 인더스 문명의 발상지는 벼의 기원지다. 또한 중국 문명의 발상지는 대두의 기원지다. 중미

◆ 세계의 문명과 주요 작물

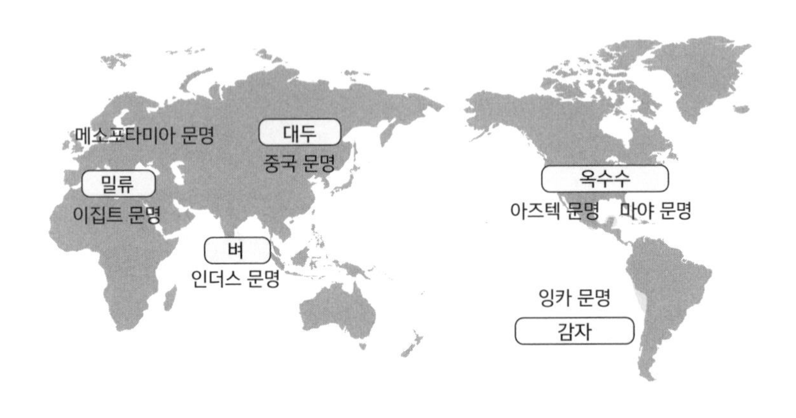

의 마야 문명과 아즈텍 문명에는 옥수수가 있었고, 남미의 잉카 문명은 감자가 있었다. 이에 관해서는 '재배 식물이 있어서 문명이 발달했다'는 견해와 '문명이 발달했기에 재배 식물이 있었다'라는 의견이 있을 수 있다. 인간 문명의 발달은 분명 식물과 무관하지 않다.

부엌의 식물학

양파를 썰 때 눈물이 나는 이유

양파를 썰면 눈물이 나온다. 왜 그럴까? 양파 세포 안에는 아미노산의 일종인 '알리인alliin'이라는 물질이 있다. 알리인에는 자극성이 없다. 하지만 양파를 자르면 세포가 손상되어 세포 안에 있던 알리인이 세포 밖으로 나온다. 그러면 알리인이 세포의 밖에 있는 효소와 화학 반응을 일으켜 '알리신allicin'이라는 자극 물질로 변한다. 이 알리신이 눈을 자극하는 것이다.

알리신에는 살균 활성 작용이 있다. 즉, 알리신은 양파가 병원균이나 해충의 공격을 받을 때 자신을 보호하는 물질이다. 본래 자극 물질을 가지고 있다면, 양파도 좋지 않은 영향을 받는다. 그래서 보통은 비독성 원료 물질을 가지고 있으면서, 병원균이나 해충으로 세포가 파괴되었을 때에만 자극 물질을 즉시 만들어 내는 구조로 되어 있다. 따라서 세포를 파괴하지 않으면 자극 물질은 만들어지지 않는다.

일회용 난로의 봉투를 열면 봉투 밖의 공기와 반응하여 발열하는 것과 같은 원리다. 그래도 눈물을 흘리지 않고 양파를 자를 수 있는 방법이 있다! 양파의 자극 물질인 알리신은 온도가 낮으면 잘 휘발되지 않는 특징이 있다. 따라서 양파를 자르기 직전에 냉장고에 넣어 차게 해두면 휘발성 물질의 발생을 억제할 수 있다. 또한 이 알리신은 열에 약하고 가열하면 분해된다. 따라서 전자레인지에서 양파를 살짝 익힌 후 써는 것도 한 방법이다.

세로로 자를 것인가, 가로로 자를 것인가

양파는 세로로 자르냐 가로로 자르냐에 따라 눈물이 나오는 정도가 다르다. 실은 가로로 자르는 편이 눈물이 더 많이 나온다.

식물의 구조는 기본적으로 세포가 세로로 쌓여 겹친 것처럼 나열되어 있다. 식물은 세로로 쌓아 올린 세포를 다발로 만들어 가로로 힘이 가해져도 잘 부러지지 않게 만든다. 다발로 나열되

◆ 양파를 자르는 방법과 세포가 손상되는 형태

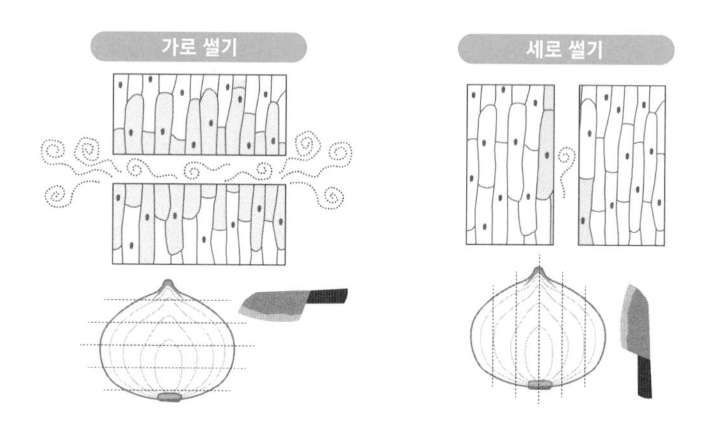

양파를 옆으로 끄면 세포가 잘려 자극 물질이 나온다

어 있어서 가로로 잘 부러지지 않는 대신에 다발끼리는 쉽게 분리된다.

채소와 목재 등이 세로로 쪼개지는 것은 세포가 세로 방향의 다발로 되어 있기 때문이다. 양파의 세포도 세로로 나열되어 있다. 따라서 양파를 세로로 잘랐을 때는 세로로 나열된 세포와 세포가 떼어질 뿐이므로 세포는 그다지 파괴되지 않는다. 그러나 가로로 자르면 세포가 잘려져 파괴되어 자극 물질이 많이 나온다. 즉, 양파를 가로로 자르면 세포가 파괴되어 식감도 부드러워진다.

게다가 가로로 자른 양파를 물로 씻으면 매운 성분이 물에 녹아 매운맛이 없어진다. 따라서 양파를 샐러드에 사용할 때에는 가로로 자르는 편이 좋다. 볶음 요리를 할 때는 세로로 자른다. 가로로 자르면 세포가 파괴되어 세포 내의 성분이 배어 나오기 때문이다. 따라서 세로로 잘라 가능한 한 세포를 파괴하지 않고, 씹었을 때 세포가 파괴되게 하여 맛이 배어 나오게 하는 편이 양파의 맛을 즐길 수 있는 방법이다.

고추냉이의 매운 성분

일본에는 이런 말이 있다. '고추냉이는 웃으면서 간다' '고추냉이를 갈 때는 웃지 말아라' 어느 쪽이 맞을까? 물론, 이것은 취향에 따라 다를지도 모른다. 그렇지만 고추냉이는 가는 방법에 따라 맛이 다르다!

앞에서 이야기한 바와 같이, 양파는 세포 속에 매운 성분을 가지고 있어서 세포가 파괴되면 세포 밖의 효소가 작용하여 매운맛의 물질로 변한다. 고추냉이도 마찬가지다. 고추냉이는 세포 속에 겨자류 화합물인 '시니그린sinigrin'이라는 물질을 함유하고 있다. 그리고 세포가 손상되면 시니그린은 세포 밖의 효소와 반응하여 '알릴이소티오시아네이트'라는 매운맛의 물질로 변한다.

고추냉이를 갈 때 힘을 가하면 감촉이 거칠어지며 세포가 하나하나 파괴되지 않는다. 그러나 힘을 빼고 천천히 정성스럽게 갈면, 세포가 하나하나 파괴된다. 그래서 매운 물질이 더욱 많이 나온다. 감촉이 세밀한 상어 가죽으로 된 도구를 사용해 원을 그리듯이 갈면 좋다고 알려진 것도, 그만큼 고추냉이의 세포가 많이 파괴되어 매운맛을 내기 때문이다.

무즙은 어떨까? 무와 고추냉이는 같은 십자화과이며, 마찬가지로 시니그린이 매운맛 물질인 알릴이소티오시아네이트를 만든다. 무는 고추냉이보다 딱딱해서 양파를 가로로 자르는 것처럼 세포를 끊어 내 직선으로 가는 것이 좋다.

매운맛 애호가들을 위한 조언

고추냉이와 무는 사용하는 부위에 따라서 매운맛의 정도가 다르다. 고추냉이는 끝부분이 매운맛이 강하며, 뿌리에 가까울수록 매운맛이 약하다. 따라서 매운 고추냉이를 좋아하는 사람은 끝부분을 정성스럽게 갈면 톡 쏘는 매운 고추냉이를 맛볼 수 있다. 매운 것을 싫어하는 사람은 뿌리에 가까운 부분을 힘차게 갈면 매운맛이 약하고 풍미만을 즐길 수 있는 고추냉이를 맛볼 수 있다. 무도 고추냉이와 마찬가지로 끝부분이 맵고, 뿌리 부분은 매운맛이 약하다.

무순이 자라면 무가 될까?

줄기가 없는 무

새싹으로 판매되는 무순은 무의 새싹이다. 이 무순이 자라면 우리가 먹는 무가 된다. 무순을 보면 떡잎 밑에 날씬하고 길게 뻗은 줄기 부분이 있다. 그러나 무는 줄기가 없다. 무순의 줄기는 성장하면 어떻게 될까? 무순의 떡잎 밑에 뻗어 있는 줄기는 고등식물의 배에서 중심축을 이루는 부분인 배축胚軸이라고 불린다.

씨앗 속에 식물체가 준비되면 뿌리, 줄기, 잎이 갖춰진다. 이 씨앗 속에 종자가 발아한 후 최초로 만들어지는 뿌리를 유근幼根, 줄기를 배축, 잎을 떡잎(자엽)이라고 한다. 식물은 이 유근과 배축, 떡잎으로 싹을 형성한 뒤에 스스로 영양분을 흡수하거나 광합성하여 새로운 뿌리를 내리고 줄기를 뻗으며 잎을 만든다. 무순은 유근과 배축 그리고 떡잎으로 이루어져 있다.

무의 성장 과정

이 무순이 자라서 무가 되는데, 실은 무는 뿌리와 함께 배축도 두껍게 만들어진다. 무를 잘 보면 아래쪽에 미세한 수염뿌리가 있고, 뿌리가 붙어 있던 흔적인 구멍이 있다. 무의 아랫부분은 뿌리가 두꺼워져 만들어진 것이다. 그러나 무의 윗부분은 뿌리의 흔적이 없으며 매끈하다.

밭에서 보면 무의 윗부분은 흙 위로 튀어나와 자란다. 윗부분은 원래 줄기이니 지상으로 솟아 자라도 이상하지 않다. 우리가 일반적으로 먹는 무의 배축 부분은 녹색을 띠고 있다. 떡잎 밑에 뻗어있는 줄기는 배축으로, 떡잎의 윗부분을 줄기라고 한다.

그렇다면 무는 줄기가 있을까? 무의 줄기는 거의 성장하지 않은 짧은 상태로, 잎을 차례차례 만든다. 무의 잎을 모두 잡아 뽑았을 때 마지막에 남는 심 부분이 무의 줄기다! 봄이 되면 이 줄기는 쭉쭉 뻗어 꽃을 피운다.

◆ 무순과 무

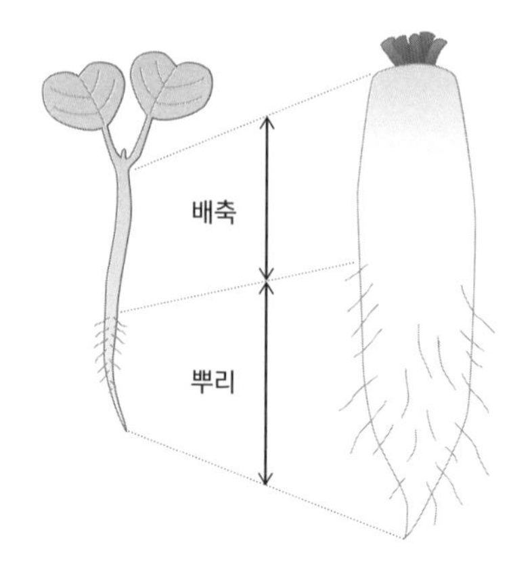

실은, 이 부분은 뿌리가 아니라 배축이 두꺼워져 만들어진 것이다

무의 부위별 맛 분석

앞에서는 무의 위아래 부분에 따라 매운맛에 차이가 있다고 말했다. 이는 무가 끝부분으로 갈수록 매운맛 성분을 축적하기 때문이기도 하지만, 무의 경우 위와 아래 부위에 차이가 있다는 점과도 관련이 있다.

배축은 뿌리로 흡수한 수분을 지상으로 보내고, 땅에서 생성된 당분 등의 영양분을 뿌리로 보내는 역할을 한다. 따라서 배축 부분은 수분이 많고 달콤하다. 무 배축 부분의 촉촉함을 살리면 샐러드에 적합할 것이고, 달콤하고 부드러운 특징을 살리면 무나물 등의 요리에 잘 어울릴 것이다.

한편 무의 뿌리 부분은 매운맛이 특징이다. 뿌리는 지상에서 만들어진 영양분을 축적하는 부분이다. 그러나 모처럼 축적한 영양분을 곤충이나 동물이 먹어 버리면 안 되니, 매운맛 성분으로 자신을 보호하는 것이다. 무는 아래로 갈수록 더 맵다. 무의 제일 윗부분과 제일 아랫부분을 비교하면, 아랫부분에 매운 성분이 10배나 더 많다. 따라서 무의 아래쪽은 무생채나 무조림 등 진한 양념의 요리에 알맞다.

매운 무즙을 좋아하는 사람에게도 아랫부분이 적합하다. 반대로, 매운 것을 싫어하는 사람은 윗부분을 사용하면 매운맛이 적은 무즙을 맛볼 수 있다. 참고로, 우리가 고추냉이의 뿌리라고 알고 있는 식용 부분은 근경根莖이라는 뿌리 부분의 줄기다. 고추냉이 표면의 울퉁불퉁한 분화구와 같은 것은 근경에 붙어 있던 잎이 떨어진 흔적이다.

바나나에는 씨가 없다는 사실

바나나의 둥근 단면을 보면

바나나에는 씨가 없다. 왜 바나나는 씨가 없는 걸까? 원래 바나나는 씨가 있었다. 그런데 어느 날 돌연변이로 씨앗이 없는 바나나가 생겼다. 앞에서 이야기한 것처럼 식물의 몸은 수컷의 정핵과 암컷의 난자로부터 게놈을 하나씩 물려받아 2개의 게놈을 갖는다. 이것이 바로 이배체. 그리고 정핵과 난자를 만들 때는 2개의 게놈을 절반으로 나눈다. 이를 다시 수정하여 이배체로 돌아간다.

그런데 씨 없는 바나나는 어찌 된 일인지 게놈이 3개, 즉 삼배체다. 이배체는 2개의 게놈을 반으로 나눌 수 있다. 그러나 삼배체는 게놈이 3개라 반으로 나누기 어렵다. 따라서 씨앗이 정상적으로 만들어지지 않는다. 바나나를 먹을 때 유심히 살피면 검은 알맹이 같은 것을 볼 수 있다. 실은 이것이 씨앗이 되었어야 했다.

재배 품종과 게놈의 수

씨앗을 만들지 못한 것은 식물로서는 결함이지만, 재배 식물로서는 좋은 점이라고 할 수 있다. 예를 들어, 예전에 '씨 없는 수박'이 있었는데 이는 삼배체다. 씨앗이 없는 편이 먹기에는 훨씬 편하다.

토란은 이배체 품종과 삼배체 품종이 있다. 삼배체 품종은 씨앗을 만들지 못한다. 그러므로 씨에 영양분을 빼앗기지 않고 그만큼 토란이 크게 자랄 수 있다.

2개의 게놈보다 3개의 게놈이 수가 많으므로, 그만큼 식물의 몸이 더 커진다. 이것도 재배 식물로서는 개체 수가 늘어나거나, 꽃이나 열매가 커지기 때문에 유리한 일이다. 삼배체뿐만 아니라, 재배 식물 중에는 게놈의 수가 많은 식물이 종종 있다. 밀과 고구마는 육배체이며, 딸기는 팔배체다.

◆ 야생 바나나에는 씨앗이 있다

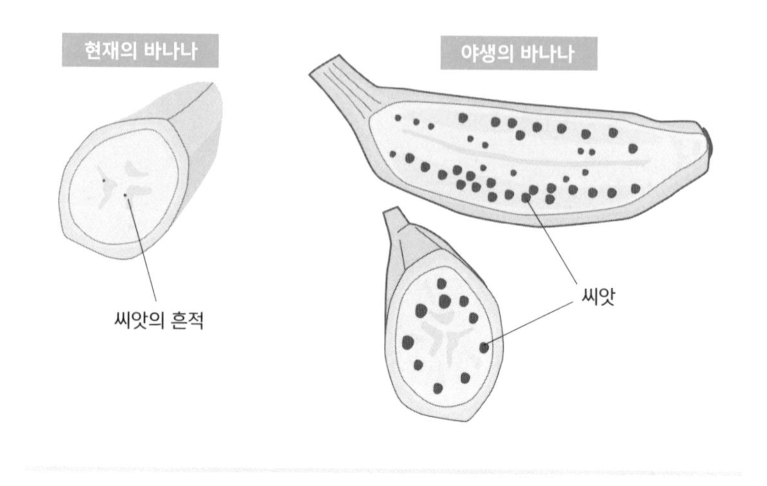

옛날 옛적 고대의 재배 식물

가을에 꽃을 피우는 백합목 수선화과의 석산은 삼배체로, 대부분 씨를 만들지 않는다. 그러나 석산은 여기저기에 꽃을 피운다. 씨앗이 없는데 어떻게 퍼져 나간 걸까? 일본에서 석산은 먼 옛날 고대 사람들이 구근(알뿌리)을 심은 식물이라고 추측한다. 석산의 구근에는 독이 있으나 물에 씻어 독을 빼면 먹을 수 있다. 따라서 각지에 석산이 심어졌다고 생각하는 것이다. 그 후 석산은 먹을 것이 없어서 살기 어려울 때 비상식량으로 각지에 심어 키웠고 점차로 전역에 퍼져나갔다. 새로운 조성지와 선로 등을 따라서 석산이 피어 있는 곳이 있는데, 이것은 흙과 함께 구근이 함께 옮겨져 핀 것이라고 여긴다. 석산이 피어 있다는 것은 분명 고대인이 구근을 심은 역사가 실재했다는 이야기일 것이다.

그런데 석산은 먹기 위해 심은 걸까? 사실 석산의 원산지인 중국에는 씨앗을 생성하는 이배체 석산도 있다. 이배체와 삼배체의 석산 중 씨앗을 생성하지 않는 삼배체의 석산만이 일본에 들어왔다. 삼배체의 석산은 이배체보다도 게놈이 많아서 구근이 크다. 씨앗을 만들지 않는 만큼 구근이 비대해진 것이다. 그러니 아마도 씨앗을 형성하지 않는 석산만이 선별되어 바다를 건너 일본에 들어왔을 것이다. 이것은 벼가 일본에 들어온 것보다도 더 오래된 이야기다.

강아지풀은 고성능 식물

길가에 자라는 강아지풀

강아지풀이라는 잡초를 아는지? 더운 여름날에는 매일 물을 주는 화단의 꽃과 밭의 채소도 시들어 고개를 숙이는데, 길가에 나 있는 강아지풀은 아무도 물을 주지 않는 데도 건강하게 자란다.

사실 강아지풀은 특별한 광합성 구조를 가진다. C_4회로라는 고성능 광합성 시스템이다. 이 회로를 가진 식물은 C_4식물이라고 한다. 광합성은 고도로 발달한 시스템이다. 자동차의 엔진이 연료를 연소시켜 에너지를 만드는 것처럼 식물은 빛 에너지를 사용하여 물과 이산화탄소를 화학 반응시켜 에너지원이 되는 당분을 생산한다. 복잡한 엔진을 개발할 수 있는 인간도 아직 인공 광합성 시스템 개발에 성공하지 못했다. 과학 문명을 자랑하는 인간이지만, 한 장의 나뭇잎도 만들지 못한다.

C_4회로는 터보 엔진

일반 식물은 C_3회로라는 시스템으로 광합성을 하기 때문에 C_3식물이라고 부른다. C_4식물도 C_3회로로 광합성을 하지만, C_3회로만이 아니라 C_4회로도 가지고 있다.

C_4회로는 자동차의 터보 엔진과 비슷하다. 터보 엔진은 터보차저로 공기를 압축하여 대량의 공기를 엔진에 보내고 출력을 올린다. 광합성의 C_4회로는 흡수한 이산화탄소를 탄소가 4개 있는 사과산 등의 C_4화합물로 만들어 C_3회로에 보낸다. 탄소를 압축하는 것이다. 따라서 C_4식물은 C_3식물보다 높은 광합성 능력을 발휘할 수 있다.

이러한 C_4식물은 강아지풀 외에도 옥수수가 있다. 터보 엔진이 고속 주행에서 그 특색을 발휘하는 것과 마찬가지로, 고성능 C_4광합성은 여름의 고온과 강한 햇볕 아래에서 그 능력을 뽐낸다. 광합성을 하려면 반드시 빛이 필요하다. 빛이 강하면 강할수록 광합성량이 높아진다. 그러나 빛이 너무 강하면 광합성 능력을 뛰어넘어 광합성량이 한계점에 도달한다. 액셀을 아무리 밟아도 속도가 나오지 않는 자동차와 같다. 그러나 C_4식물은 다르다. C_4식물은 빛이 강해도 C_4화합물 탄소를 만들어 계속 광합성을 해 나갈 수 있다.

강아지풀이 더운 날씨에도 시들지 않는 이유

C_4식물은 건조에 강하다는 특징이 있다. 광합성을 하려면 기공을 열어 이산화탄소를 흡수해야 한다. 그러나 기공을 열면 수분도 함께 달아난다.

한편, C_4식물은 기공을 열었을 때 흡수하는 이산화탄소를 농축시켜서 한 번에 많은 이산화탄소를 흡수할 수 있다. 이렇게 기공을 여는 횟수를 줄여 수분이 과도하게 날아가는 일을 막는다. C_4식물인 강아지풀이 건조한 여름의 무더위에도 시들지 않고 건강한 것은 이 때문이다.

◆ C_4식물은 C_3회로 전에 CO_2를 흡수하는 C_4회로가 있다

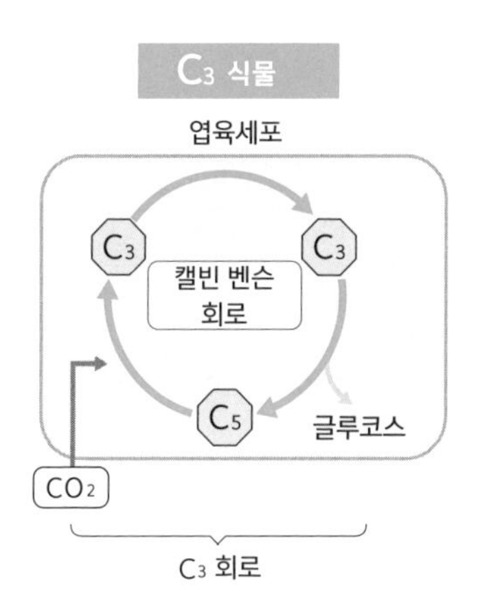

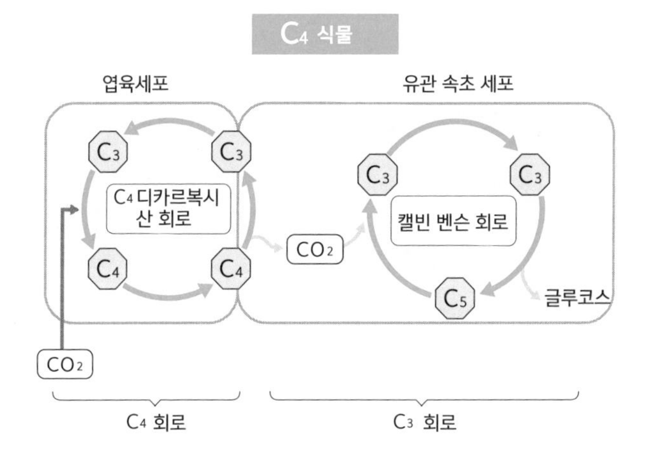

열대 지역에서 강한 식물

그러나 이토록 강점을 가졌지만, 전 세계 식물 중 C_4식물은 불과 10퍼센트밖에 되지 않는다. 실은, C_4식물에게는 약점이 있다.

C_4회로는 온도가 높고, 빛이 강한 조건에서는 높은 광합성 능력을 보인다. 그러나 온도가 낮아지거나 빛이 약하면, 아무리 이산화탄소를 공급해도 광합성 능력이 상승하지 않는다. 게다가 C_4회로를 작동하는 데 추가로 에너지가 필요해서 광합성 효율이 C_3식물보다 떨어진다.

C_4식물은 열대 지역에서는 압도적인 우위를 발휘한다. 그렇지만 온대 지역과 추운 지역에서는 그렇지 않다. 엔진의 힘으로 고속 운전에서는 능력을 발휘하는 스포츠카가 교통 체증으로 거북이 주행을 해야 하는 상황에서는 연비가 나쁜 것과 같은 원리다.

더욱 발전된 CAm 식물

한편 건조한 지역에 사는 선인장 같은 식물은 C_4회로를 더욱 발전시킨 시스템을 가지고 있다. 자동차의 엔진 중에 '트윈 캠'

이라는 시스템이 있다. 엔진 성능과 관련된 중요한 부품 가운데 흡·배기 밸브의 개폐와 관련이 있는 CAm(캠)이라는 부품이 있다. 흡기용과 배기용으로 나누어 2개의 캠샤프트camshaft를 장착한 고성능 엔진이 바로 트윈 캠이다.

우연이지만, 선인장이 가진 건조 지역에서의 광합성 시스템도 CAm이라고 부른다. 식물의 CAm은 '다육식물 유기산대사Crassulacean Acid metabolism'의 약자로, 용어가 같은 것은 그저 우연일 뿐이다.

C_4식물은 기공의 개폐 횟수를 줄여 수분의 증발을 최소화하지만, 그래도 숨구멍을 열 때마다 수분이 날아가는 것을 완전히 막을 수는 없다. 그것을 개량한 것이 CAm이다. 광합성은 햇빛을 받을 수 있는 낮에 이루어진다. 그러나 낮에는 기온이 높아서 기공을 열면 수분이 증발한다.

CAm 식물은 C_4식물처럼 C_4회로와 C_3회로를 가지고 있지만, 기온이 낮은 야간에 기공을 연다. 그리고 해가 있는 낮에 기공을 완전히 닫고 축적한 탄소를 이용하여 광합성을 한다. CAm 식물은 이렇게 낮과 밤으로 시스템을 구분하여 수분 증발을 억제하는 데 성공했다. 이는 야간 전력으로 얼음과 온수를 만들어 열에너지를 축적해 낮에 이용하는 심야 전기 온수기와 비슷한 시스템이라고 할 수 있다.

◆ C_4식물과 CAm 식물의 광합성 시스템

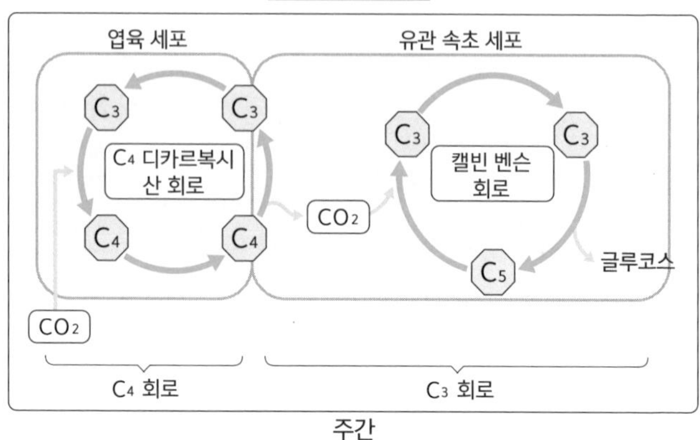

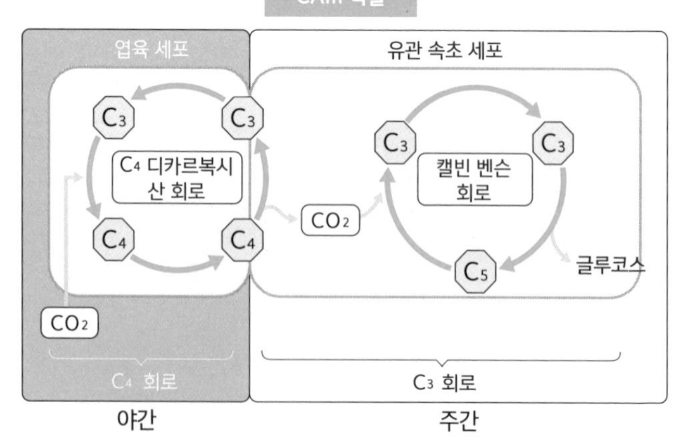

CAm은 C_4회로를 기온이 낮은 야간에 작동한다.

선인장 등 건조 지역 식물은 CAm이라는 광합성 시스템으로 건조에 대한 내성을 높이고 있다. 선인장 외에도 돌나물류나 파인애플 등이 대표적인 CAm 식물이다.

우리가 사랑한 담쟁이덩굴

당초 문양의 모티브

우리는 녹색 천에 흰색 당초 문양이 그려진 무늬에 익숙하다. 이 당초 문양은 사실 고대 이집트가 기원이라고 할 정도로 역사가 깊다. 이집트에서 그리스와 페르시아, 로마, 인도, 중국, 몽골 등 세계 각지에 퍼져서 다양한 지역에서 사용되고 있을 만큼 역사가 깊다.

당초 문양은 담쟁이덩굴이라는 식물을 도안한 모양이다. 담쟁이덩굴은 성장 속도가 빠르며, 생육이 왕성하다. 줄기를 계속 늘려 가는 이 강한 생명력 때문에 장수와 번영의 상징이 되었다.

담쟁이덩굴은 덩굴로 성장하는 '덩굴 식물'이다. 담쟁이덩굴뿐만 아니라 덩굴 식물은 성장이 빠르다는 특징이 있다. 나팔꽃은 여름 방학 동안 2층에 도달할 만큼 빠르게 성장하며, 녹색 커튼이라는 별명을 가진 여주도 순식간에 창문을 뒤덮는다.

빛을 받지 않으면 살 수 없는 식물은 라이벌보다 빨리 성장하는 것이 중요하다. 빠르게 성장하는 덩굴 식물은 그 점에서, 성공했다. 덩굴 식물의 빠른 성장에는 비밀이 있다.

덩굴 식물은 다른 식물처럼 스스로 줄기를 세워 자라지 않아

◆ 당초 문양

도 되므로 줄기를 강하게 만들 필요가 없다. 대신 그만큼의 에너지를 줄기를 빠르게 성장시키는 데 사용한다. 또한 덩굴 식물은 물을 운반하는 물관과 영양분을 운반하는 체관이 두꺼워서 물과 영양분을 효율적으로 운반할 수 있다. 식물은 물관이나 체관을 두껍게 하면 구조적으로 약해지니, 얇은 물관이나 체관을 많이 만들어 식물 섬유로 보강해 성장한다. 그러나 덩굴 식물은 줄기가 견고할 필요가 없어서 두꺼운 물관과 체관을 가질 수 있다.

벽을 타고 오르기 위하여

덩굴 식물은 스스로 서지 않는 대신 다른 식물이나 벽, 기둥 등을 타고 올라가기 위한 다양한 장치를 가진다.

담쟁이덩굴이라고 불리는 식물에는 크게 2가지 종류가 있다. 당초 문양의 모티브가 된 담쟁이덩굴은 두릅나뭇과 송악이라고 불리는 식물이다. 송악은 항상 녹색이며 겨울에도 푸르러 '겨울 담쟁이'라고도 불린다. 그리고 포도과의 담쟁이덩굴이 있다. 포도과의 담쟁이덩굴은 가을이 되면 단풍이 들고, 겨울에는 낙엽이 지기 때문에 '여름 담쟁이'라고도 불린다. 포도과 담쟁이덩굴의 덩굴손 끝에는 흡반이 있다. 두릅나뭇과 담쟁이는 줄기에서 나오

◆ 덩굴손의 나선은 반전한다

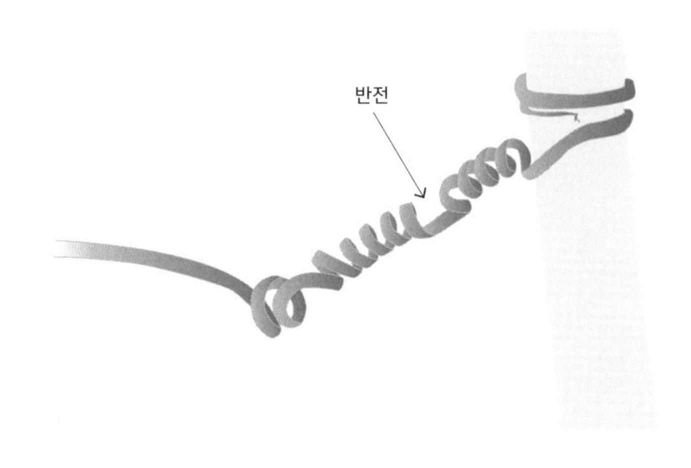

는 흡착 뿌리에 흡반이 있다.

담쟁이덩굴은 이 흡반에서 분출되는 점액으로 벽에 붙어 있을 수 있다. 나팔꽃 등은 줄기가 덩굴로 되어 있으며, 덩굴을 감아 가면서 커진다. 여주의 덩굴손은 잎이 변한 것이다. 덩굴손에 무언가가 닿으면 그 끝을 감고, 나선형으로 꼬아 식물체를 끌어당긴다.

나선형이 된 덩굴손이 스프링처럼 작용해 안전하게 식물체를 고정한다. 이 나선을 살펴보면 중간에 방향이 '반전'된 것을 확인할 수 있다. 이 모양이라면 무언가가 잡아당겨도 꼬인 상태라 쉽게 끊어지지 않는다. 이렇게 덩굴 식물은 스스로 연구를 거듭해 다른 식물을 붙잡아 빠르게 커 나가고 있다.

수나무와 암나무

식물도 수컷과 암컷이 있다

키위나무에는 암·수나무가 따로 있다. 암나무를 심어도 수나무가 없으면 수분할 수 없어서 키위는 열매를 맺을 수 없다. 은행나무도 암나무와 수나무가 나뉜다. 은행이 열리는 것은 암나무뿐. 그래서 가로수는 은행이 떨어져 도로가 더러워지지 않도록 수나무만 심는 경우가 많다.

식물인데, 암컷과 수컷이 따로 있다? 어쩐지 조금 이상하다. 그렇지만 동물은 모두 암컷과 수컷이 따로 있다. 하나의 꽃에 암술과 수술이 있고, 암컷과 수컷이 따로 있는 것이 오히려 더 이상할지도 모른다.

동물 중에도 하나의 몸 안에 암컷과 수컷이 동거하고 있는 경우가 있다. 지렁이와 달팽이가 그렇다. 이들은 그렇게 멀리 이동하지 못한다. 암컷과 수컷이 만날 기회가 많지 않다는 의미다. 그러므로 만난 상대가 암컷이든 수컷이든 간에, 자손을 남길 수 있도록 암컷과 수컷을 한 몸에 모두 갖추고 있다.

식물도 움직일 수 없다. 지렁이와 달팽이보다 더욱 그렇다. 따라서 식물도 하나의 꽃에 암술과 수술을 모두 가지고 있는 것이 유리하다.

자가 수분의 단점

하나의 꽃 속에 암술과 수술이 모두 있다면, 자신의 꽃가루를 자신의 암술에 묻혀 씨앗을 만들면 된다. 그런데 식물은 바람에 날려 보내거나, 곤충을 불러 다른 꽃으로 꽃가루를 옮겨 교배한다.

자신의 꽃가루를 직접 암술에 묻혀 스스로 씨앗을 만들면 자신과 유사한 성질의 자손밖에 만들 수 없다. 만약 특정 질병에 약하다는 약점이 있다면, 자신의 모든 후손도 그 약점이 노출되어 버린다. 그 질병이 돌면, 그 꽃의 자손은 전멸한다.

자신과는 다른 성질을 지닌 다른 개체와 꽃가루를 교환하고 교배하면, 다양한 특징이 있는 자손을 만들어 낼 수 있다. 그러면 환경이 달라지고 어떤 질병이 돌아도 개체가 전멸할 일은 없을 것이다.

다양한 자손을 만들 궁리

하나의 꽃에 암술과 수술이 있으면, 자신의 꽃가루로 수정해 버릴 위험성이 있다. 따라서 식물은 자신의 꽃가루로는 수정하지 않는 구조를 취한다.

식물의 꽃은 수술보다 암술이 긴 경우가 더 많다. 수술이 더 길면, 꽃가루가 떨어진다. 그래서 암술이 더 긴 것이다. 수술과 암술이 성숙하는 시기가 어긋나는 경우도 있다. 예를 들어, 수술이 먼저 성숙해도 암술이 수정 능력이 없어서 꽃가루가 묻어도 씨앗이 생기지 않는다. 반대로 암술이 먼저 성숙하면 수술이 꽃가루를 만들 무렵에는 암술은 이미 수정을 마친 상태다.

자신의 꽃가루가 암술에 묻어도 암술 끝의 물질이 꽃가루를 공격해 꽃가루가 발아하는 것을 방해하거나, 화분관의 성장을 정지시키는 구조를 가진 식물도 있다. 이러한 성질을 '자가불화합성'이라고 한다. 키위는 이러한 자기 증식을 방지하는 수고를 하지 않도록 처음부터 암나무와 수나무로 나뉘어 있다.

이렇게 다른 개체와 꽃가루를 교환하는 것은 다양한 성격의 자손을 만드는 데 유리하다. 그러나 다른 개체로 꽃가루를 운반하기 위해서는 많은 꽃가루를 만들어야 한다. 꽃가루가 잘 운반되어야 원활하게 씨앗을 만들 수 있다. 따라서 단기적으로 보면 자신의 꽃가루를 자신의 암술에 묻혀 씨앗을 만드는 '자가 수정'이 유리하다. 꽃가루가 운반되지 않는 인공적인 환경에서 자라나는 잡초나 인간이 보호하는 작물 중에는 자가 수정을 하는 식물도 있다.

나무 기둥은 살아 있다

계속 호흡하는 나무 기둥

일본 나라 지역의 고찰 '호류지'는 일본에서 가장 오래된 목조 건축물이다. 콘크리트 건물도 100년을 유지하기 힘들다고 하는데, 나무로 만들어진 건물이 400년이 지났는데도 썩지 않고 그 모습을 지금까지 유지하고 있으니 놀라운 일이다.

1,000년을 산 나무는 기둥이 되어도 1,000년을 더 살아갈 수 있다고 알려져 있다. 정말로 기둥이 되어도 살아 있는 걸까? 나무는 신기한 존재다. 차갑고 무미건조한 줄기에서는 생명력이 느껴지지 않으며, 잎을 떨어뜨린 겨울의 시든 나무의 모습으로는 살아 있는지 죽어 있는지조차 알 수 없다. 그러나 수천 년이라는

시간을 사는 장수 생물이다.

살아 있다고 표현하지만, 나무 기둥은 생물로 살아 있는 것은 아니다. 기둥은 성장하거나, 생명 활동을 하지 않는다. 기둥이 살아 있다고 말하는 이유는 기둥이 된 후에도 몸이 휘거나, 마치 호흡하는 것처럼 공기 중의 수분을 흡수하고 배출하기 때문이다. 하지만 이것은 죽은 세포가 수분을 흡수하고 발산하는 현상일 뿐이다.

목재 중심에 있는 것

목재의 중심에는 붉고 어두우며 색이 짙은 부분이 있다. 이 부분은 '심재'라고 부른다. 심재는 단단하고 잘 썩지 않기 때문에 기둥으로 적합하다.

심재는 나무가 살아남기 위해 고안해 낸 부분이다. 흰개미와 하늘소 등은 나무에 구멍을 뚫어 나무를 먹으려고 한다. 버섯도 나무 속에 균사를 둘러쳐 목재를 분해하려고 한다. 그래서 외적으로부터 몸을 보호하기 위해 항균 물질을 목재의 중앙에 축적하는 것이다. 이 항균 물질에는 목재를 단단하게 만드는 기능도 있어서 물리적으로도 몸을 보호할 수 있다. 항균 물질을 주입하여 물과 영양분을 통과시키는 물관이나 체관 등을 막아 물이 스며들어 나무가 내부에서 썩는 것을 막기도 한다. 항구 등에서 나무가 물에 둥둥 뜬 모습을 종종 볼 수 있는데, 목재에 물이 스며들지 않는 것도 이 심재 때문이다. 이를 사용하여 호류지의 기둥은 1,000년 이상 썩지 않고 건물을 계속 지탱할 수 있다.

나무라는 생물의 불가사의

그런데 식물은 어째서 나무 전체가 아닌 심재만을 보호하는 걸까? 조직을 지지하는 중요한 구조 물질을 만드는 '리그닌lignin'이 나무의 세포를 접착하고 있다. 식물의 부드러운 줄기는 잘 분해되지 않는 이 리그닌으로 단단해지며, 나무가 된다. 리그닌은 '목재'를 의미하는 라틴어에서 유래한 물질이다.

목재는 리그닌으로 딱딱함을 유지하면서, 세포가 죽어도 그대로 형태를 유지할 수 있다. 사실 나무의 심재 부분의 세포는 이미 죽었기 때문에 물관이나 체관을 막아도 큰 문제가 되지 않는다. 그러나 심재 이외 부분의 세포는 살아 있다. 따라서 물관이나 체관을 막아서는 안 된다. 심재의 주위의 바깥이 세포가 살아 있는 부분이다. 따라서 주변부에서 자른 변재边材라고 불리는 부분은 심재보다도 색이 옅고 부드럽다는 특징이 있다.

나무는 이렇게 죽은 세포로 줄기를 지탱하고, 살아 있는 세포가 죽은 세포를 뛰어넘어 성장하는 구조다. 그러나 살아 있는 부분이 제일 바깥쪽 부분으로 노출되면 위험에 노출되는 것이니 딱딱한 나무껍질로 줄기를 뒤덮어 보호한다. 곰 등의 야생 동물이 나무껍질을 벗겨 먹는 경우가 있는데, 나무껍질 안쪽은 속껍질이라고 하며 전분과 단백질이 많이 함유되어 있다. 이 속껍질 부분이 살아 있는 세포 부분이다.

◆ 나무의 심재와 변재

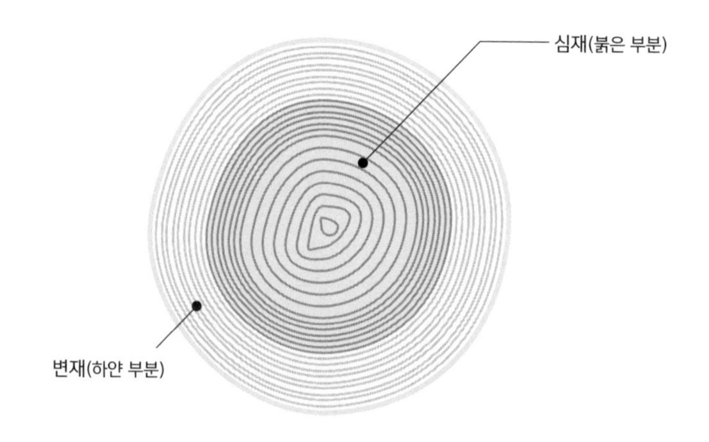

중심부인 심재는 죽었는데, 죽은 세포가 스스로 항균 물질을 축적하고 물관이나 체관을 막을 수는 없다. 나무를 잘 보면 나이테와 수직을 이루는 방향으로 중심에서 바깥쪽으로 이어지는 방사 조직이 형성되어 있는 것을 확인할 수 있다.

이 방사 조직이 마치 공사용 도로와 같은 역할을 하며, 살아 있는 바깥 부분으로부터 항균 물질을 중심으로 옮겨 심재를 만든다. 이렇게 살아 있는 부분과 죽은 부분으로 이뤄진 나무는 정말이지 신기한 생물이다.

나이테가 만들어지는 방법

기둥의 원료가 되는 목재를 살펴보면 단면에 나이테가 보인다. 앞에서 이야기 것처럼 쌍떡잎식물은 수분과 영양분을 운반하는 형성층이라는 조직이 있다. 이 형성층이 세포 분열하고 성장하여 줄기를 두껍게 만든다.

봄부터 여름에 걸쳐 형성층은 활발하게 세포 분열을 하며, 줄기가 두껍게 성장한다. 그러나 가을에서 겨울이 되면 성장이 둔해지며 거의 성장하지 않는다. 그리고 봄이 되면 다시 세포 분열이 활발해지면서 줄기가 굵어진다. 이렇게 왕성한 성장과 정체가 반복된다. 이 가을부터 겨울에 성장이 둔해지는 부분이 선이 되어 나이테가 만들어진다. 그래서 1년에 하나씩 나이테가 형성된다. 목재의 나이테를 세어 그 나무의 나이를 헤아리는 것은 이 때문이다.

곧은결과 널결의 특징

형성층에는 물을 운반하는 물관과 영양분을 운반하는 체관이 수직 방향으로 지나가고 있다. 따라서 옆에서 가해지는 힘에는 강하지만 세로로 가해지는 힘에는 쪼개져 버린다. 손도끼로 장작을 팰 때 나무를 세로로 놓으면 간단히 쪼갤 수 있다. 하지만 가로로 놓으면 손도끼로는 쪼갤 수 없다. 톱으로 나무를 자를 때도 섬유를 찢고 자르는 세로 자르기와 섬유를 절단하여 자르는 가로 자르기가 있다. 목재의 섬유가 세로 방향으로 나열되어 있기 때문이다.

나무판 중에는 나이테를 수직으로 잘라 나이테의 모양이 평행으로 나타나는 '곧은결'과 나이테를 따라 잘라 불규칙한 면이 나타나는 '널결'이 있다.

곧은결은 고급스러운 나무판으로, 균등하게 나뭇결이 나열되

◆ 곧은결과 널결

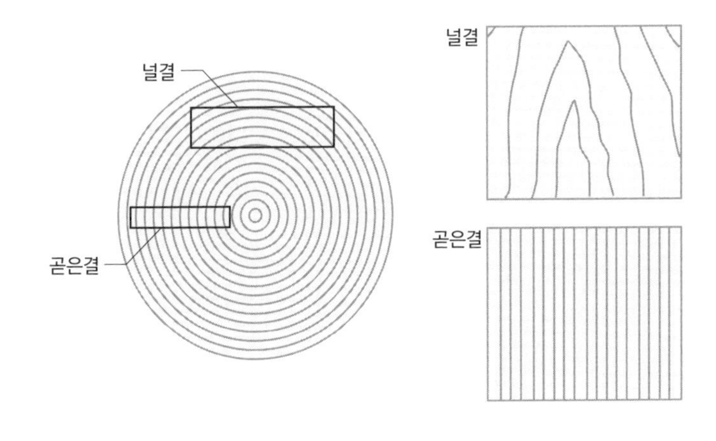

어 있어 잘 휘어지지 않는다. 한편 널결은 나이테를 따라 잘리기 때문에 줄기 바깥 부분에 해당하는 겉쪽과 줄기 중심인 안쪽으로 형성되어 있다. 바깥 부분인 겉쪽은 수분이 많은 반면, 중심인 안쪽은 수분이 적기 때문에 건조하면 표면이 수축해서 휘어진다. 휘어지기 쉬운 널결은 구부러지기도 쉽다. 가을에서 겨울에 걸쳐 생성된 나이테 부분은 물을 잘 통과시키지 못하기 때문에 나이테에 따라 잘린 널결의 나무판은 물을 통과시키지 못한다. 이러한 널결은 나무통이나 욕조, 배 등을 만드는 데 적합하다. 반대로 곧은결은 나이테 이외의 부분으로 물을 통과시키지만, 수분을 흡수해서 통기성이나 흡습성이 좋다는 장점이 있다. 이렇게 예부터 사람들은 각각의 장점을 살려 용도를 나눠 사용했다.

생활을 지탱하는 식물 섬유

고마운 식물 섬유

집이 아닌 곳의 화장실을 이용할 때 휴지가 없어서 난처했던 경험이 한 번쯤 있을 것이다. 지금처럼 휴지를 쉽게 구할 수 없던 과거에는 화장실 휴지로 식물의 잎이나 노끈 등을 대신 사용했다고 한다. 현재로서는 상상하기 어려운 광경이다.

우리의 삶에는 종이가 필요하다. 만약 종이가 없다면 어떨까? 현재는 페이퍼리스Paperless의 시대라고 하지만, 여전히 우리는 종이로 가득한 세상에서 살고 있다. 종이가 없다면 책도 노트도, 지폐로 된 돈도 없었을 것이다.

종이의 원료가 되는 건 바로 식물 섬유다. 식물 섬유는 매우 튼

튼하다. 그래서 사람들은 옛날부터 식물에서 섬유를 추출하여 이용해 왔다. 식물 섬유를 비틀면 노끈을 만들 수 있다. 가로와 세로로 규칙적으로 짜면 직물을 만들 수 있다. 이 섬유를 산산이 풀어내 얇게 벗겨 내고 휘감은 것이 종이다. 종이를 찢어서 단면을 살펴보면 찢어진 곳에 보풀이 올라온 것처럼 보인다. 이것이 바로 식물 섬유다.

식물과 동물 세포의 차이점

식물 세포와 동물 세포는 기본 구조가 같다. 그러나 이 둘을 비교했을 때 가장 큰 차이점은 식물 세포에는 세포벽이 있다는 것이다. 세포벽은 셀룰로오스cellulose로 이루어져 있다.

셀룰로오스는 식물이 생산하는 포도당을 연결하여 만든다. 마찬가지로 포도당이 이어진 물질로는 전분이 있지만, 전분과 비교하면 셀룰로오스는 단단한 구조로 되어 있다. 셀룰로오스는 수소결합이라는 안정된 결합으로 포도당끼리 단단히 서로 연결되어 있어서 쉽게 분리되지 않는다.

지구에 공룡이 탄생한 옛날, 수중에 살던 해조류 같은 식물이 지상으로 올라오려면 몸을 지탱하기 위한 물질이 필요했다. 그리고 당분을 재료 삼아 셀룰로오스를 만들어서 땅으로 진출했다.

식이 섬유는 왜 몸에 좋을까

셀룰로오스는 단단해서 포유류의 동물은 식물 섬유를 먹어도 분해할 수가 없다. 따라서 앞에서 소개한 것처럼 잔디를 먹이로 삼는 초식 동물은 소화 기관에서 셀룰로오스를 발효 분해할 수 있는 미생물과 공생하고 있다.

안타깝게도 인간은 소와 말처럼 셀룰로오스를 체내에서 분해하여 이용할 수 없다. 그러나 식물 섬유는 인간의 건강에 좋다고 알려졌다. 왜 그럴까? 인간이 식물 섬유를 먹으면 그것을 먹이로 삼는 유산균이나 비피더스균 등 장내의 유익균이 증가하여 장의 상태가 정비된다. 식물 섬유는 유해 물질을 흡착하거나 대변의 양을 늘려 장을 자극해서 배변을 원활하게 해 장 속을 청소하는 역할도 한다. 따라서 식물 섬유는 영양분이 없더라도 섭취하면 몸의 상태를 정비할 수 있다.

그리고 개운하게 배변 활동을 한 뒤에도 인간은 식물의 셀룰로오스로 만든 종이의 신세를 진다. 만약 식물이 없었다면 종이는커녕 엉덩이를 닦을 잎이나 노끈조차 없었을 것이다.

식물의 행성,
지구

지구 38억 년의 역사

풍요로운 대지는 방사능에 오염되고 많은 생물은 멸망의 위기에 처한다. 그리고 방사능을 먹이로 삼는 괴물 같은 생물들이 진화한다. SF 영화에 단골 소재처럼 등장하는 가까운 미래상이다. 그렇지만 이 장면은 영화의 줄거리가 아니라, 지구의 역사와 생물의 진화에 관한 이야기다.

지구에서 생명이 탄생한 것은 38억 년 전의 일이다. 어느 날, 무서운 진화를 이룬 생물이 나타났다. 그것은 바로 식물의 조상인 '식물 플랑크톤'이었다. 엽록체를 가진 식물 플랑크톤은 광합성을 하고, 이산화탄소와 물로 에너지원을 만들었다.

광합성을 하면 폐기물이 나온다. 이것이 바로 산소다. 산소는 생물에게 필요한 생명의 근원이지만, 원래는 모든 것을 녹슬게 하는 독성 물질이다. 그런데 산소의 독으로 사멸하지 않으며 산소를 체내에 흡수하여 생명 활동을 하는 생물이 진화를 이룬다. 이것이 바로 우리 동물의 조상이 되는 '동물 플랑크톤'이다.

산소는 독성이 있는 대신, 폭발적인 에너지를 만드는 힘이 있다. 산소를 손에 넣은 동물 플랑크톤은 강력한 에너지로 풍부한 활동력을 얻을 수 있었다. 그리고 풍부한 산소로 생성되는 콜라겐으로 몸을 거대하게 만들 수 있게 되었다. 마치 SF 영화에서 방사능 에너지로 거대화된 괴수와 같다.

식물이 바꾼 지구 환경

또한 광합성을 통해 대기 중에 방출된 대량의 산소는 지구 환경을 크게 변모시켰다. 산소는 자외선에 노출되면 오존이라는 물질로 변한다. 산소는 대량의 오존이 되어 오존층을 형성했다. 이 오존층은 지상에 쏟아지고 있던 해로운 자외선을 흡수하고 차단하는 역할을 했다. 그러자 바닷속에 있던 식물이 곧 지상으로 진출할 수 있게 되었다. 결과적으로 식물은 자신의 편의대로 지구 환경을 크게 변화시켰다.

지구에서 번성한 혐기성嫌氣性(산소가 없는 조건에서 생육하는 성질) 미생물 중 대부분은 산소로 인해 자취를 감췄다. 그리고 일부 살아남은 미생물들도 다시 땅속이나 심해 등 산소가 없는 환경으로 몸을 숨기고 몰래 살아갈 수밖에 없게 되었다.

외계인이 인류를 관측한다면

시간이 흘러 인류가 출현했다. 인류는 문명을 만들었고 석탄과 석유 등의 화석 연료를 태워 대기 중 산소를 소비하고, 이산화탄소의 농도를 상승시켰다. 그리고 인류가 방출한 프레온 가스는 오존층을 파괴했고 차단되었던 자외선은 다시 지표면으로 쏟아졌다.

인류는 식물이 바꾼 녹색 지구를 생명이 탄생하기 전의 모습으로 되돌리려는 것 같다. 게다가 숲을 파괴하고 불모지인 사막을 확산시키고 있다. 마치 식물이 만드는 산소의 공급을 끊어 내려는 것처럼 보일 지경이다.

만약 외계인이 지구를 관측하고 있다면, 인류를 어떻게 생각할까? 인간이 살아갈 수 없지만, 고대의 지구 환경을 되돌리려고 하는 기특한 존재로 여길까, 아니면 인류가 탄생한 녹색 행성을 파괴하려는 어리석은 존재라고 생각할까?

맺음말

'생물학'은 암기 과목이라고 생각할 수 있다. 특히 생물학 가운데 '식물학'은 무미건조하며 재미가 없다는 인상이 강할지도 모른다.

정말 그럴까? 식물은 살아 있다. 그 생명력은 우리의 생각보다 훨씬 더 신비한 수수께끼로 가득 차 있다. 그리고 식물의 삶은 우리 예상보다 매우 역동적이고 극적이다. 이 책이 식물의 매력을 느끼는 계기가 되기를 바란다.

'식물학을 배워도 살아가는 데 아무런 도움이 되지 않는다.'

이렇게 생각하는 사람이 있을지도 모른다. 식물학이 실제 비즈니스나 사회생활에 직접 도움이 되는 경우는 많지 않다. 그러나 예부터 사람들은 식물을 다양한 용도로 생활에 이용해 왔다. 우리가 먹는 채소와 과일, 모두 식물이다. 기둥이나 판으로 삼는 목재도 식물이다. 옷으로 만드는 삼베와 면도 식물이다. 옛날에는 음식이나 옷, 주거, 도구, 비료, 의약품, 연료 등 온갖 물건을 모두 식물로 만들었다. 화학 및 석유 제품으로 다양한 물건을 만드는 현대에 와서 보자면, 식물에 의존했던 과거의 생활이 너무 오래된 옛날 일이라고 생각할지도 모르겠다. 화학 및 석유 제품은 다 사용하고 나면 쓰레기가 된다. 그러나 식물로 만든 것은 다 사용하고 나면 흙으로 돌아간다. 식물은 햇볕으로 크게 성장한다. 말하자면, 식물은 태양 에너지로 만든 재생 가능한 자원이다. 옛날 사람들은 식물의 특징을 잘 알았고 이를 최대한 활용해 왔다. 정말 위대한 식물학자라고 말해도 좋을 것이다. 식물학에 대한 이해는 다양한 환경 문제에 직면한 미래 사회를 사는 우리에게 지혜와 통찰력을 준다.

그것만이 아니다. 인간에게 식물은 신기한 존재다. 아름다운 나비를 봐도 기분 나빠 하는 사람이 있고, 귀여운 강아지를 보고도 무서워하는 사람이 있다. 그러나 꽃을 싫어하는 사람은 드물다. 사람은 꽃을 보면 아름다움을 느낀다. 식물이 예쁜 꽃을 피우는 것은 곤충을 불러들여 꽃가루를 운반하게 하기 위함이다. 식물은 인간을 위해 꽃을 피우지 않는다. 꿀과 꽃가루를 먹이로 삼는 곤충이 꽃을 좋아하는 건 당연하다. 그러나 인간의 생존에 꽃은 반드시 필요한 존재는 아니다. 인간이 꽃을 사랑하는 데는 어떤 합리적인 이유가 없다. 그런데도 사람들은 꽃을 사랑하고, 꽃을 보며 위안을 얻는다. 신기한 일이 아닐 수 없다.

또한 우리는 식물을 통해 살아가는 힘을 느끼고 삶을 배울 수 있다. 일본의 동일본 대지진 속 벚꽃 나무는 쓰나미에 피해를 입었지만, 만개할 계절이 되니 다시 아름다운 꽃을 피웠다. 진흙과 자갈을 뒤집어쓴 카네이션도 진흙 속에서 싹을 틔우고 꽃을 피웠다. 식물의 생명력은 사람들에게 말로 다하지 못할 용기를 주었다. 재해지에서 많은 사람이 꽃씨를 뿌렸다. 사람들이 뿌린 씨앗은 곧 싹을 틔우고 땅을 녹색으로 뒤덮었다. 그 속에서 사람들은 새로운 희망을 보았다.

식물은 사람들에게 용기를 주려고 꽃을 피우지 않는다. 그러나 사람은 식물이 자라는 모습에 치유받고, 때로는 용기를 얻는다. 식물도 신기하고 위대하지만, 식물을 사랑하는 인간이라는 생물도 신기하고 멋진 존재다.

이나가키 히데히로

재밌어서 밤새 읽는
식물학 이야기

1판 1쇄 발행 2019년 8월 30일
1판 5쇄 발행 2022년 7월 29일

지은이 이나가키 히데히로
옮긴이 박현아
감수 류충민

발행인 김기중
주간 신선영
편집 민성원, 정은미, 백수연
마케팅 김신정, 김보미
경영지원 홍운선
펴낸곳 도서출판 더숲
주소 서울시 마포구 동교로 43-1 (04018)
전화 02-3141-8301~2
팩스 02-3141-8303
이메일 info@theforestbook.co.kr
페이스북·인스타그램 @theforestbook
출판신고 2009년 3월 30일 제2009-000062호

ISBN 979-11-86900-93-2 (03480)